LE VOL SAUTÉ

LE

VOL SAUTÉ

OU

THÉORIE DU VOL SAUTÉ

PRÉCÉDÉE D'UNE ÉTUDE SUR

L'APPAREIL LOCOMOTEUR DU MARTINET, DE L'HIRONDELLE ET DE L'ENGOULEVENT

PAR

EDMOND ALIX

POUR FAIRE SUITE A

L'ESSAI SUR L'APPAREIL LOCOMOTEUR DES OISEAUX

AVEC 51 FIGURES DANS LE TEXTE

PARIS

G. MASSON, ÉDITEUR
LIBRAIRE DE L'ACADÉMIE DE MÉDECINE
120, BOULEVARD SAINT-GERMAIN

1895

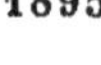

LE VOL SAUTÉ

INTRODUCTION

Le vol des oiseaux se fait, suivant Borelli, par une suite de sauts exécutés dans l'air[1].

Comment l'oiseau s'y prend-il pour sauter avec ses ailes? On n'en a pas encore donné l'explication.

La théorie nouvelle que je propose n'aura peut-être pas un meilleur sort que les autres, mais elle pourra servir à mieux faire apprécier et enchaîner quelques faits d'un intérêt incontestable.

On s'accorde généralement pour admettre que le vol est produit par les battements des ailes; dans la variété du vol désignée sous le nom de *vol ramé*, on suppose que les ailes agissent comme des rames; on donne même le nom de *fouet* à l'ensemble des trois pennes digitales situées à l'extrémité de l'aile parce qu'on suppose qu'elles fouettent l'air.

Et pourtant on ne peut pas nier que ce coup de fouet, s'il existe, ne peut être donné qu'à la fin de l'abaissement[1].

Car l'aile s'abaisse d'abord pour trouver son point d'appui, et c'est alors seulement que le fouet peut agir. Mais à ce

1. V. E. Alix. *Essai sur l'appareil locomoteur des oiseaux*, Masson, 1874, p. 479.

2. *Essai*, p. 524 à 526.

moment il est bien difficile de se figurer comment l'aile peut s'y prendre pour frapper. Le problème posé de cette façon me paraît insoluble.

Or je dis qu'à ce moment l'aile ne *fouette* pas, que l'aile n'agit pas en *frappant*, mais en *sautant*. Je dis que l'aile, ayant trouvé son point d'appui, saute et imprime ainsi au corps de l'oiseau un mouvement qui l'emporte dans une direction voulue.

Je dis que l'aile, étant déjà étalée, *saute en achevant brusquement de s'étendre*.

Telle est, dans sa substance, la *théorie du vol sauté*.

Pour appliquer cette théorie à une espèce vivante, j'ai choisi le martinet (cypselus apus) dont je décris l'appareil locomoteur comparativement à celui de l'*hirondelle de fenêtre* (hirundo urbica) et à celui de l'*engoulevent* (caprimulgus Europœus), en ajoutant quelques détails observés sur un oiseau-mouche, le *trochilus melanotis* dont le célèbre naturaliste Jules Verreaux m'a donné il y a longtemps un exemplaire après l'avoir lui-même déterminé.

En faisant cette comparaison je ne me suis point placé uniquement au point de vue du mécanisme du vol, j'ai aussi recherché les ressemblances et les différences qui, au point de vue de la classification, rapprochent ces espèces ou les éloignent les unes des autres.

Il résulte de cette étude que s'il y a entre les martinets et les hirondelles assez de ressemblance pour qu'on doive les classer dans une même division de l'ordre des passereaux, ils diffèrent cependant par des caractères importants qui empêchent de les réunir dans une même subdivision. Par là se trouve confirmée l'opinion de Guéneau de Montbéliard adoptée aujourd'hui par des ornithologistes éminents.

C'est après avoir développé cette partie descriptive que j'expose la théorie du vol sauté en montrant comment elle s'accorde avec le détail des dispositions anatomiques.

Ce travail fait suite à l'*Essai sur l'appareil locomoteur des oiseaux*. A l'époque où j'ai composé cet ouvrage, je nourrissais le projet de le compléter par une série de monographies dont deux seulement ont été publiées : le mémoire sur l'*ostéologie* et la *myologie du nothura major*[1] et le mémoire sur l'*ostéologie* et la *myologie du manchot*[2] fait en collaboration avec le professeur Paul Gervais et où j'ai rédigé la myologie. J'y ajoute aujourd'hui l'ostéologie et la myologie du *martinet*, de l'*hirondelle* et de l'*engoulevent*.

Je divise donc cette étude en deux parties.

La première partie comprend les *caractères extérieurs*, l'*ostéologie* et la *myologie* de ces oiseaux.

Je m'abstiens d'y répéter les considérations que j'ai longuement développées dans l'*Essai*, me bornant à indiquer les traits caractéristiques des trois espèces que j'envisage.

La seconde partie comprend la définition du vol sauté, la description de son mécanisme et le calcul de la force musculaire employée pour le produire.

---

1. *Journal de zoologie*, de Paul Gervais, 1874.
2. Même journal, 1878.

PREMIÈRE PARTIE

ÉTUDE SUR L'APPAREIL LOCOMOTEUR DU MARTINET,
DE L'HIRONDELLE ET DE L'ENGOULEVENT

CHAPITRE PREMIER

CARACTÈRES EXTÉRIEURS

Chez le martinet, l'hirondelle et l'engoulevent, la forme générale du corps est ovoïde. La tête est presque confondue avec le tronc, la brièveté réelle du cou étant augmentée par sa brièveté apparente parce que la région cervicale, déjà très courte par elle-même, se cache entre les épaules dans la moitié de sa longueur.

Cette forme n'est pas altérée par les pattes qui sont courtes, dissimulées par les plumes et, pendant le vol, repliées sous le ventre, ni par la queue dont la direction moyenne est celle de la région dorsale.

La tête faiblement convexe, dépourvue de crête ou de toute autre saillie, se prolonge très peu en avant des yeux. Une dépression transversale sépare le crâne du bec corné qui est très court.

La brièveté du bec fait un contraste avec la grande étendue de la fente buccale qui se prolonge chez l'hirondelle jusqu'à l'œil, chez le martinet jusqu'à la moitié de l'œil, chez l'engoulevent jusque derrière l'œil.

Le bec très aplati est légèrement courbé avec une carène médiane arrondie tranversalement, des côtés presque horizontaux et des bords tranchants. Il est plus crochu chez l'engoulevent. Le bout est terminé par une pointe mousse et il en est de même pour le bec inférieur dont l'extrémité chez l'hirondelle prend la forme d'une gouge.

Chez le martinet, il y a au bec supérieur un léger feston derrière la pointe.

Le bec inférieur suit la courbure du bec supérieur, il est donc convexe en dessus, concave en dessous. Chez l'engoulevent, il se plie dans sa partie moyenne de manière à augmenter la courbure inférieure et l'élargissement du bec.

Les orifices des narines, percés derrière la partie cornée, placés de chaque côté de la carène médiane, plus rapprochés du bord des lèvres chez le martinet, situés plus haut chez l'hirondelle, en forme de tubes saillants chez l'engoulevent, couverts d'un opercule supérieur chez l'hirondelle, affectent chez le martinet une forme particulière, par leur largeur et par des replis qui rappellent ceux du pavillon de l'oreille dans l'espèce humaine. Chez l'oiseau-mouche ils sont basilaires, latéraux, larges et triangulaires.

Chez le martinet, le revêtement corné du bec s'arrête sur la lèvre un peu en arrière de la narine. Le reste de la lèvre est membraneux. Au voisinage de la commissure la lèvre offre une grande amplitude qui permet à la bouche de s'ouvrir largement et qui, lorsqu'elle se ferme, donne lieu à la formation d'un pli latéral dont la saillie au dehors est considérable.

On voit chez l'engoulevent, sur la lèvre supérieure, de fortes moustaches dirigées en bas et en avant, formées par des plumes réduites au tuyau et à la tige et dépourvues de barbules, avec une face dorsale arrondie et une face ventrale divisée par un sillon médian.

Chez l'hirondelle et chez le martinet il y a de petites plumes dont les barbes sont disposées en éventail.

Chez le martinet la fente des paupières est dirigée très obliquement de haut en bas et d'arrière en avant (angle de 45 degrés avec l'horizontale). L'obliquité est un peu moindre chez l'hirondelle et l'engoulevent. On peut dire plus brièvement que ces oiseaux ont des yeux à la chinoise.

Il y a chez le martinet un sourcil formé par deux groupes de plumes très courtes disposées sur une courbe qui commence en arrière de l'angle postérieur, entoure l'œil en haut et en avant et se prolonge en bas jusqu'au diamètre vertical formant ainsi les 3/4 d'une circonférence. Le quatrième quart est rempli par les plumes de la joue.

L'ouverture de l'oreille externe chez le martinet s'allonge de haut en bas immédiatement en arrière de l'œil. Elle est garnie de deux rangées de plumes l'une antérieure, l'autre postérieure.

Chaque rangée se compose de 12 plumes et il y en a en outre de 3 à 4 à chaque angle. Il en est de même chez l'hirondelle et l'engoulevent. Ces plumes ont une tige très grêle, des barbes grêles et courtes et de longues barbules très fines avec des barbelles très courtes non enroulées.

Chez l'hirondelle, l'ouverture de l'oreille est presque circulaire; elle est aussi plus large chez l'engoulevent tandis qu'elle est longue et étroite chez le martinet.

La peau du martinet est épaisse, coriace, difficile à déchirer, résistante au tranchant du scalpel. Chez l'hirondelle et chez l'engoulevent, la peau est mince, moins résistante, plus facile à déchirer.

Plumes en général [1].

Rappelons-nous d'abord qu'une plume complète est composée d'un *tuyau* et d'une *tige* (*rachis*), garnie de chaque côté d'une rangée de *barbes*. L'ensemble des barbes d'un même côté forme une bande ou une lame à laquelle je donne le nom de *fanion*.

Chaque barbe supporte deux rangées de *barbules* insérées sur la barbe comme les barbes le sont sur la tige. Chaque barbule est formée par un chapelet de cellules dont l'extrémité distale émet par ses angles des prolongements qui sont des *barbelles*. Ces prolongements sont plus ou moins enroulés en vrilles et s'enchevêtrent avec les barbules de la barbe qui précède et de celle qui suit.

Je prépare depuis longtemps un travail où je me propose de traiter ce sujet dans un grand détail.

Plumes de la tête et du tronc.

Chez le martinet les plumes de la tête et du cou ont une apparence écailleuse, des fanions à peu près égaux et des extrémités arrondies. Les tiges sont très grêles, les barbes étalées en éventail.

---

1. Voir *Essai sur l'appareil locomoteur des oiseaux*, p. 336.

Ces plumes sont larges et courtes, d'un noir mêlé de gris et rangées sur des lignes courbes.

Les plumes de la tête sont récurrentes, les tiges, dirigées d'abord en avant, se recourbent et les pointes se dirigent en arrière. Les plumes sont par là un peu redressées, ce qui augmente le volume apparent de la tête.

Celles du front commencent leurs insertions sur la base du bec corné, celles des joues près du bord des lèvres.

Celles du cou sont dirigées de haut en bas et d'avant en arrière.

Les courbes règnent sur tout le cou et se continuent sur la gorge et sur la poitrine.

Les plumes *scapulaires* qui couvrent les épaules sont relativement longues ainsi que celles du dos jusqu'à la queue.

Les plumes sont longues aussi sur les flancs et sous le ventre.

Les plumes des flancs se continuent avec celles qui couvrent les cuisses et les jambes et celles du tarse qui sont seulement un peu plus courtes. Celles-ci se rabattent sur les côtés du tarse qu'elles recouvrent jusqu'à la base des doigts. Leurs barbes sont également disposées en éventail. Les *fanions* sont à peu près égaux, avec des extrémités arrondies.

Chez l'engoulevent les tarses portent aussi des petites plumes en éventail rabattues sur les côtés.

Chez l'*hirondelle de fenêtre*, les petites plumes en éventail recouvrent non seulement le tarse, mais aussi les doigts en se rabattant sur leurs côtés.

Plumes des ailes.

Les plumes des ailes se divisent en *pennes* ou *rémiges* et en *couvertures*. Les rémiges sont *digitales*, *métacarpiennes*, *cubitales* et *axillaires*.

Chez le martinet, le bras est très court, et difficile à distinguer. L'avant-bras est plus long, mais encore très court. La main est longue ce qui leur a fait donner le nom de *macrochires* également appliqué aux oiseaux-mouches et cette longueur est considérablement augmentée par celle des rémiges digitales.

La largeur de l'éventail formé par les pennes est due surtout aux rémiges métacarpiennes, les rémiges cubitales y contribuent moins et les rémiges axillaires bien moins encore.

Il en est de même, quoique à un degré moindre, chez l'hirondelle et l'engoulevent, qui ont le bras et l'avant-bras plus longs et où la main est moins prédominante.

Chez le martinet, l'hirondelle et l'engoulevent, les trois rémiges digitales, insérées dans les alvéoles dorsaux des phalanges du second doigt, sont très fortes et très longues. Elles sont *falciformes*, surtout la 1re.

Chez l'hirondelle, la 1re rémige est la plus longue, mais la 2e lui est presque égale.

Chez le martinet, c'est la 2e qui est la plus longue, la 3e est plus courte que la 1re.

Chez l'engoulevent, la 2e rémige est la plus longue et la 3e est plus longue que la 1re.

Les rémiges vont en décroissant de dehors en dedans à partir de la 3e.

Chez un martinet où la 1re rémige à 12 cent. 1/2, la 2e a 13 centimètres (différence, 5 millimètres), la 3e a 3 millimètres de moins que la 1re (12 cent. 2 mill.); la 4e, 2 centimètres de moins que la 3e; la 5e, la 6e et la 7e décroissent chacune de 2 centimètres; la 8e, la 9e et la 10e, chacune de 15 millimètres.

Sur ces 10 rémiges dites *primaires*, il y a 3 rémiges digitales fixées aux phalanges et 7 *rémiges métacarpiennes* qui sont flottantes. Elles sont toutes inclinées obliquement de dedans en dehors.

La disposition générale est la même chez l'hirondelle et chez l'engoulevent.

Les rémiges *cubitales* (secondaires) chez le martinet, au nombre de 7, sont inclinées de dehors en dedans. La plus externe est la plus courte, la plus interne est la plus longue.

Il en est de même chez l'hirondelle et chez l'engoulevent.

Il y a chez le martinet 3 pennes axillaires dont la plus interne est la plus longue. Chez l'hirondelle, il y en a 4 dont *la plus longue est la plus externe*.

Chez le martinet, la 1re rémige digitale, insérée dans l'alvéole de la 1re phalange, est nettement falciforme ; sa tige est forte avec un dos très convexe.

Le *fanion externe* est très étroit, avec un bord tranchant ou plutôt *serriforme* pour fendre l'air. Les barbes qui le composent sont courtes, résistantes et très serrées les unes contre les autres. Les barbules sont courtes et celles de l'extrémité de la barbe forment avec leurs barbelles une petite touffe blanchâtre qui, vue à l'œil nu, a l'aspect d'une dent de scie.

Le *fanion interne* est très large et composé de barbes munies de barbules et de barbelles enchevêtrées. Les barbes partent du bas de la convexité du bourrelet dorsal, et, à la face ventrale, du bord même de la tige dont le sillon médian est bien creusé.

La 2ᵉ rémige a encore une tige très forte et falciforme, un fanion externe avec des barbes aussi roides mais un peu plus longues, des barbules et des barbelles plus développées. Son fanion interne a des barbes très longues, souples et pourvues de barbules et de barbelles enroulées en vrilles.

La 3ᵉ rémige est encore falciforme ; les barbes du fanion externe, encore courtes dans la partie proximale, augmentent de longueur en allant vers l'extrémité de la plume.

A la 4ᵉ rémige, la tige est moins falciforme et moins forte, les barbes du fanion externe sont plus longues, mais elles diminuent beaucoup de longueur vers l'extrémité.

A la 5ᵉ rémige, les barbes du fanion externe sont longues, la tige est plus courte et n'est plus falciforme.

A la 6ᵉ rémige, les barbes sont longues et la tige devient grêle.

A la 7ᵉ rémige, la tige est grêle. Les barbes du fanion externe sont très longues, sans cesser d'être plus courtes que celles du fanion interne. Il en est de même pour les 8ᵉ, 9ᵉ et 10ᵉ.

Les 4 1ʳᵉˢ rémiges ont les extrémités arrondies. Les 6 autres ont des extrémités aiguës par suite d'une découpure du fanion interne.

Les pennes cubitales ont des extrémités tronquées ; les barbes des deux fanions sont presque égales.

Les extrémités des pennes axillaires sont aiguës.

Couvertures.

Les couvertures de la 1ʳᵉ rangée se distinguent des autres. Elles participent de la nature des rémiges dont elles sont la répétition. Il y en a une pour chaque rémige; je les appelle *pennes satellites* ou *paraptères*.

La 1re *paraptère* est une réduction de la 1re rémige au côté externe de laquelle elle est appliquée. Elle est, comme celle-ci, formée d'une tige falciforme avec un fanion externe étroit composé de barbes roides. La longueur est de 2 centimètres dans la partie découverte. Elle se termine en pointe, les autres ont des extrémités arrondies.

La 2e *paraptère*, placée au côté externe de la 2e rémige, a les barbes semblables à celles de cette rémige et il en est de même pour la 3e et la 4e.

Les *paraptères* augmentent de longueur de la 1re à la 4e, mais elles décroissent à partir de la 5e, qui est beaucoup plus courte que la 3e, tout en restant plus longue que la 2e. Leurs fanions sont inégaux.

Les paraptères des pennes cubitales croissent, comme les rémiges, de dehors en dedans.

Leurs extrémités sont arrondies, leurs fanions sont à peu près égaux.

Les couvertures de la 2e et de la 3e rangées sont simples avec des extrémités arrondies, les fanions internes sont un peu plus étroits que les fanions externes. Les tiges sont droites et inclinées en dehors. Celles de la 2e rangée sont plus longues que celles de la 3e rangée.

Les couvertures des rémiges axillaires sont confondues avec les pennes scapulaires.

A la face palmaire, il y a deux rangées de couvertures longues et larges et une rangée de plumes plus courtes.

Les *rémiges bâtardes* ou *rémiges de l'appendix*, chez le martinet, l'hirondelle et l'engoulevent, sont au nombre de deux. Elles sont insérées sur la face dorsale de la phalange dont elles suivent les mouvements.

La 1re et la plus externe, attachée au bord externe de la phalange, est la plus longue, son fanion externe est étroit avec un bord tranchant; son fanion interne est un peu plus large. La tige est droite.

La seconde et la plus interne est attachée à toute la face dorsale de la phalange. Son fanion externe, plus large, recouvre le fanion interne de la 1re.

L'engoulevent présente, à l'extrémité de la phalange du pouce, un *petit ongle* qui a la forme d'une aiguille très fine. Je trouve aussi un petit *ongle aplati* chez le martinet, je n'en trouve pas chez l'hirondelle.

Les plumes qui recouvrent la base du pouce et de l'apophyse du métacarpe sont des couvertures flottantes insérées seulement sur la peau.

Le bord antérieur de l'aile est garni d'une bordure de plumes écailleuses (plumes marginales, plumes de la bordure) que nous appelons plus brièvement la *bordure*. Celles de la face dorsale et celles de la face palmaire, se rencontrent obliquement de manière à former un bord tranchant.

Pennes caudales ou rectrices.

Il y a chez le martinet 10 rectrices, 5 de chaque côté. Les deux *rectrices externes* qui sont les plus longues, ressemblent à la 1ʳᵉ rémige en ce que le fanion externe est composé de barbes courtes et résistantes qui lui font un bord tranchant. L'aspect serriforme de ce bord est à peine indiqué.

Leur tige est droite et roide et peut servir d'appui comme chez les grimpeurs.

Les fanions internes sont larges et taillés obliquement à leur extrémité de manière à dessiner une pointe.

Les fanions des rectrices augmentent de largeur en allant de dehors en dedans. Ceux des deux rectrices moyennes sont larges et presque égaux.

Toutes les tiges sont droites et roides et peuvent fournir un point d'appui.

La queue de l'hirondelle est fourchue, mais relativement moins longue.

Celle de l'engoulevent est carrée.

Membre abdominal.

Le membre abdominal est court chez le martinet, un peu moins chez l'hirondelle et l'engoulevent, grêle chez l'hirondelle.

Chez le martinet, le tarse est court et large, la plante est large et calleuse avec un gros talon.

Les doigts très courts semblent n'avoir que deux phalanges, comme le pensait Guéneau de Montbéliard. En réalité, ils en ont 3, mais la 2ᵉ n'est pas mobile sur la 1ʳᵉ et la distinction ne se voit que sur le squelette.

Le 3ᵉ doigt est un peu plus long que le 2ᵉ et celui-ci, un peu plus long que le 4ᵉ qui n'est pas beaucoup plus long que le pouce. A l'état de repos les phalanges terminales sont fortement fléchies et les pointes des ongles appuient sur la plante.

Le pouce peut se porter en arrière, sur le côté et en avant, parallèlement aux autres doigts. *Il en est de même du doigt externe* et le second doigt peut aussi s'écarter du 3ᵉ. Les palmures sont très courtes.

Chez l'engoulevent le doigt externe peut s'écarter à angle droit malgré la palmure qui s'étend à toute la 1ʳᵉ phalange, mais qui est très lâche. La palmure du doigt interne a la même étendue et permet un écart.

Le pouce, qui est très court, peut se porter en avant pour se ranger auprès du second doigt. Il est aussi palmé.

Chez l'hirondelle de fenêtre, le pouce peut aussi se porter en avant, mais le 4ᵉ doigt serré contre le 3ᵉ par une palmure étroite qui borde toute la 1ʳᵉ phalange conformément au type déodactyle, ne peut pas s'écarter. La palmure qui unit le 2ᵉ doigt au 3ᵉ est plus courte.

Le doigt médian (3ᵉ doigt) est très long chez l'hirondelle et l'engoulevent. Le doigt externe, beaucoup plus court, est à peine plus long que le 2ᵉ. Le pouce de l'hirondelle est presque aussi long que le doigt interne.

Le martinet a des ongles forts et crochus; ceux de l'hirondelle sont moins gros, ceux de l'engoulevent sont plus faibles.

Celui du 3ᵉ doigt chez l'engoulevent est denticulé sur son bord interne qui se détache comme une écaille.

On peut dire que le martinet a des pattes *grimpeuses*, l'hirondelle des pattes *percheuses*, l'engoulevent des pattes *ramasseuses*.

En effet l'engoulevent peut se tenir sur une branche avec le tarse parallèle à la longueur de celle-ci, le doigt externe et le doigt interne rabattus sur les côtés, tandis que le doigt médian dégagé à cause de sa grande longueur s'accroche avec son ongle denticulé. Cet ongle par la saillie de son bord interne en fait une patte *ramasseuse*.

Ajoutons que le nombre des phalanges est normal chez l'hirondelle, mais que chez l'engoulevent le doigt externe n'a que 4 phalanges.

Chez le martinet, l'hirondelle et l'engoulevent, la face dorsale du tarse et des doigts est scutellée; les doigts ont de chaque côté une bordure étroite, leur face plantaire est divisée transversalement au niveau des scutelles en un certain nombre de pelotes aplaties.

Chez le martinet, le tarse est couvert de plumes; il en est de même chez l'engoulevent et chez l'hirondelle de fenêtre qui en a jusqu'au bout des doigts. Ces plumes chez le martinet ont des fanions assez larges; elles les ont plus étroits chez l'hirondelle et l'engoulevent où leurs barbes forment de petits éventails.

Nous terminons cette description des caractères extérieurs en disant que chez le martinet, l'hirondelle et l'engoulevent, la langue est triangulaire, mais que la base du triangle est étroite chez l'engoulevent, assez large chez l'hirondelle et le martinet.

Les deux angles de la base du triangle sont garnis de papilles allongées. Le bout de la langue est bifide chez l'hirondelle et chez le martinet, non divisé chez l'engoulevent.

Enfin, il y a dans les trois espèces, une glande caudale dépourvue de plumet.

En résumé, le martinet, l'hirondelle et l'engoulevent réalisent bien pour la tête les caractères des *passereaux fissirostres* énumérés par Cuvier : « bec court, large, aplati horizontalement, légèrement crochu, sans échancrure et fendu très profondément ».

Ils se ressemblent aussi par les ailes et surtout par les pennes digitales qui sont longues et falciformes.

Les engoulevevents se distinguent par leurs plumes légères et soyeuses comme celles des rapaces nocturnes.

Ces trois genres diffèrent beaucoup par les pattes qui, chez l'hirondelle, rentrent dans la forme générale des passereaux déodactyles et se distinguent chez l'engoulevent par la brièveté du pouce et la largeur des palmures, chez le martinet par une forme particulière tout à fait anormale qui permet de le rapporter, ainsi que le *caprimulgus* à un type aberrant.

On ne peut pas dire que l'engoulevent ressemble plus au martinet que l'hirondelle et ces trois genres de fissirostres forment bien trois groupes séparés. Il y a autant de différence entre l'hirondelle et l'engoulevent qu'entre les rapaces diurnes et les rapaces nocturnes.

CHAPITRE II

OSTÉOLOGIE

Tête.

Fig. I. — *Crâne du martinet, face inférieure.*

1. Intermaxillaire. — 2. Maxillaire supérieur. — 3. Jugal. — 4. Quadrato-jugal. — 5. Palatin. — 6. Ptérygoïdien. — 7. Vomer. — 8. Cornet. — 9. Ethmoïde. — 10. Bec du sphénoïde. — 11. Trompe d'Eustache. — 12. Apophyse basilaire médiane. — 13. Siphonium. — 14. Grand trou occipital. — 15. Colline cérébelleuse. — 16. Apophyse mastoïde. — 17. Fosse paroccipitale. — 18. Apophyse zygomatique. — 19. Os carré.

Fig. II. — *Crâne du martinet, face latérale gauche.*

1. Frontal. — 2. Bosse fronto-pariétale. — 3. Fosse paroccipitale. — 4. Apophyse zygomatique. — 5. Apophyse mastoïde. — 6. Os carré. — 7. Quadrato-jugal. — 8. Jugal. — 9. Maxillaire supérieur. — 10. Ptérygoïdien. — 11. Palatin. — 12. Ethmo-lacrymal. — 13. Nasal. — 14. Gouttière olfactive. — 15. Gouttière lacrymale. — 16. Trou optique. — 17. Orbito-sphénoïde. — 18. Alisphénoïde. — 19. Cloison ethmoïdale. — 20. Trou rond. — 21. Trou ovale. — 22. Bord du triangle basilaire.

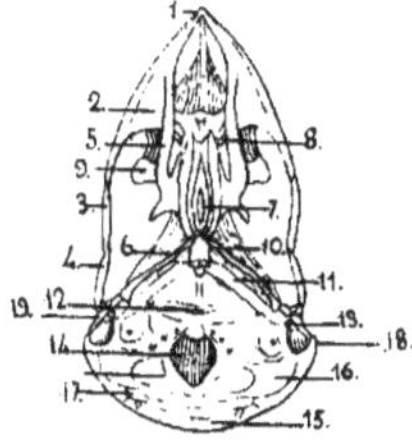

Fig. I.

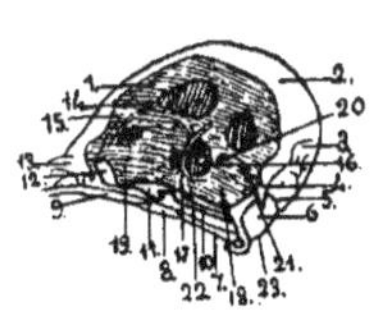

Fig. II.

La tête du martinet est caractérisée par la forme globuleuse du crâne, la grandeur des orbites, la brièveté de la face, la largeur et la longueur de l'ouverture buccale.

La cavité orbitaire est plus étendue que la boîte cérébrale.

Sur un crâne d'une longueur totale de 35 millimètres, le diamètre longitudinal de l'orbite atteint 15 millimètres ; le prolongement de la tête en avant des orbites jusqu'au bout du bec mesure 10 millimètres ; le prolongement du crâne en arrière jusqu'au point le plus reculé de la colline cérébelleuse mesure aussi 10 millimètres. L'orbite occupe donc plus du tiers de la longueur du crâne.

La boîte cérébrale est globuleuse, surtout en arrière où la colline cérébelleuse dessine un bourrelet plus long que large, courbé sur son axe avec une convexité postérieure et dont la paroi très mince laisse voir par transparence six loges transversales pour les lamelles du vermis. Le pôle de la courbe se trouve au milieu de sa longueur.

Cette colline est limitée en haut et en avant par la ligne courbe qui correspond à la suture occipito-pariétale et sur laquelle s'insère le muscle *grand complexus*, en bas et en avant par le grand trou occipital.

Il n'y a pas de fontanelle entre le pariétal et l'occipital. Un sillon peu profond sépare la colline cérébelleuse de la ligne courbe qui forme la limite postérieure des bosses pariéto-frontales.

De chaque côté, la ligne courbe se continue avec la crête temporale correspondante jusqu'à l'apophyse zygomatique réduite à un petit crochet recourbé dont la pointe se porte en bas, en arrière et en dedans[1].

Immédiatement en dehors de la partie supérieure de la colline cérébelleuse, il y a de chaque côté de cette colline, en arrière de la ligne courbe, une *surface paroccipitale* convexe qui forme comme une aile antérieure à la colline.

Au-dessous de cette surface convexe, il y a une *fosse paroccipitale* qui flanque la partie inférieure de la colline.

Cette fosse est elliptique avec le grand diamètre dirigé obliquement de haut en bas et de dehors en dedans. Elle est limitée en dehors et en haut par la crête temporale, en dehors et en bas par l'apophyse mastoïde, en dedans et en bas par la face inférieure du crâne. Elle est gravée d'un arbre vasculaire dont le tronc s'engage sous l'apophyse mastoïde.

La *surface paroccipitale convexe* et la *fosse paroccipitale*

---

1. *Essai*, p. 208.

donnent insertion au muscle *occipito-axoïdien* que l'on désigne sous le nom de *grand droit postérieur de la tête*.

L'apophyse mastoïde ou *masse rupéo-mastoïdienne*, formée par le squamosal, l'exoccipital et le rocher, est une masse globuleuse qui rejoint en avant la fosse temporale dont elle est séparée par la crête qui termine la ligne courbe ; en dedans elle est séparée de la colline cérébelleuse par la fosse paroccipitale. La face inférieure est divisée en deux lobes divergents, l'un antérieur et l'autre postérieur, séparés par une dépression triangulaire à angle supérieur.

Le lobe postérieur s'étend sous la fosse paroccipitale et va rejoindre la loge cérébelleuse inférieure. La base du triangle est limitée par un *sillon paramastoïdien* qu'une surface plane, où s'insère le muscle atloïdo-occipital désigné sous le nom de *petit droit postérieur de la tête*, sépare du bord tranchant du grand trou occipital.

L'apophyse *paramastoïde*, qui fait partie de l'exoccipital, ne dessine pas un crochet isolé, mais se confond avec une *lame paramastoïdienne* qui se détache de l'angle externe de la masse basilaire et encadre en arrière la partie inférieure de la caisse. Cette *lame paramastoïdienne* est séparée de l'articulation quadrato-mandibulaire par l'orifice tympanique de la trompe d'Eustache et par le *Siphonium* petit tube osseux qui fait communiquer l'intérieur de la caisse avec une anfractuosité de l'angle de la mâchoire inférieure [1].

Le bord tranchant de la *lame paramastoïdienne* forme la limite postérieure de l'orifice de la caisse et la limite antérieure de l'insertion du muscle *digastrique* (abaisseur *de la mâchoire inférieure*), lequel remplit la concavité de ce bord tranchant en complétant la paroi postérieure de la caisse, le bord du muscle soulevant le pli cutané sur lequel s'insère la rangée postérieure des plumes qui garnissent l'orifice de l'oreille externe.

Comme le bord postérieur de la caisse fait moins de saillie que le bord antérieur, l'orifice osseux de cette cavité se voit en partie quand on regarde la face postérieure du crâne, mais l'œil ne plonge dans la cavité qu'en regardant la face latérale.

---

1. Voir *Essai*, p. 223.

L'extrémité inférieure de la colline cérébelleuse finit sur le bord tranchant du *grand trou occipital*.

Le *grand trou occipital* est cordiforme et aussi large que long avec le sommet en haut et en arrière. Il est presque horizontal. Il occupe en largeur comme en longueur le 1/3 de la base du crâne.

C'est un triangle dont la base est large et légèrement concave avec des angles arrondis. Les angles latéraux rejoignent les lobes antérieurs de l'apophyse mastoïde et terminent les lames tranchantes assez planes qui limitent les bords latéraux du grand trou.

Le bord antérieur légèrement concave qui constitue la base du triangle est formé par deux arcs-boutants à bords arrondis qui sont séparés sur la ligne médiane par la saillie d'un *condyle* sessile, bien dessiné sur la face superficielle aussi bien que sur la face profonde.

Ce *condyle* est un petit tubercule arrondi, non divisé, entouré d'un sillon circulaire.

Les *arcs-boutants* (ou les *colonnes*) sont limités en avant par une série de trous dont le plus petit est situé très près du condyle, le plus grand à l'extrémité externe de la colonne, et le moyen à égale distance des deux autres.

En avant de cette rangée de trous se trouve le triangle basilaire présentant d'abord une *gouttière transversale* qui sépare le condyle d'une colline transversale rugueuse où l'on distingue deux apophyses basilaires latérales et une apophyse basilaire médiane qui ne fait que peu de saillie. Au delà de cette colline le triangle basilaire est creusé d'une fosse peu profonde.

Près de la pointe du triangle se trouvent les *orifices pharyngiens des trompes d'Eustache* petits triangles à sommet externe, séparés par une mince cloison qui leur fournit une base commune.

Les trompes elles-mêmes bordent les côtés du triangle basilaire.

Le *triangle basilaire* est formé par la *plaque pharyngienne* qui répond au *parasphénoïde* des poissons[1] et constitue le caractère ichthyoïde le plus remarquable des oiseaux. La plaque pha-

1. *Essai*, p. 149 et 204.

ryngienne cache le basilaire occipital et une partie du sphénoïde postérieur.

En avant du triangle se montre la partie découverte du sphénoïde postérieur constituant le *rostre sphénoïdal* (rostrum sphenoïdale), sous la forme d'un petit rectangle à surface presque plane dont les angles antérieurs tronqués offrent des surfaces obliques sur lesquelles s'articulent les extrémités antérieures convergentes des os ptérygoïdiens, la base du rostre ne présentant ni apophyses, ni surfaces articulaires.

Nous n'achevons pas en ce moment la description de la base du crâne et nous revenons à la face supérieure.

En avant de la ligne courbe on voit deux bosses *fronto-pariétales* considérables moulées sur les hémisphères cérébraux qu'elles recouvrent.

De chaque côté, la partie *postérieure* de la bosse *fronto-pariétale*, partie postérieure formée par le *pariétal*, se continue avec la *fosse temporale* (formée principalement par le *squamosal*) qui se termine en bas par une gouttière assez étroite limitée en arrière par l'*apophyse zygomatique*, en avant par l'*apophyse orbitaire postérieure*, gouttière où glisse le muscle temporal.

La partie de la bosse qui appartient au frontal se réfléchit en dedans pour aller rejoindre l'*alisphénoïde* et s'unir à lui pour former la paroi postérieure de la cavité orbitaire.

En arrière et en dehors la gouttière latérale se continue jusqu'à l'apophyse orbitaire postérieure et forme la limite antérieure de la *fosse temporale*.

En avant et en haut, les deux gouttières latérales convergent l'une vers l'autre et viennent se confondre avec la *gouttière médiane sus-cérébrale* qui se prolonge en une *gouttière médiane sus-orbitaire*.

Celle-ci, beaucoup plus large, relève ses côtés jusqu'au bord des orbites en formant des lames, convexes en dessus, dont la face profonde est concave longitudinalement et excavée transversalement. Ces lames latérales se terminent par des apophyses orbitaires antérieures arrondies.

La gouttière médiane sus-orbitaire se termine en avant des orbites sur un large *sillon transversal* qui la sépare du bec dont la convexité se relève d'abord pour s'abaisser ensuite jusqu'à la pointe.

C'est au fond de ce sillon que la partie médiane des frontaux se soude à la branche médiane de l'intermaxillaire. C'est aussi à partir de ce sillon que commence le recouvrement corné du bec.

Sur les côtés les branches latérales des frontaux s'unissent aux os nasaux. Il y a ainsi un *triangle nasal* à peu près équilatéral à base postérieure dont les côtés viennent rejoindre la branche médiane de l'intermaxillaire au sommet de sa courbure.

Les lames supérieures des os nasaux étendues obliquement entre l'apophyse orbitaire antérieure et l'intermaxillaire auquel elles s'appliquent dans la partie ascendante de sa courbure, sont convexes à leur face superficielle, concaves à leur face profonde.

Leurs branches verticales très courtes se terminent par une pointe qui se recourbe légèrement en dehors et en arrière pour s'appliquer à la surface du maxillaire supérieur près de son bord interne et au bord postérieur de sa lame transversale. La base de ces branches présente en arrière une petite pointe recourbée à peine séparée de l'ethmo-lacrymal.

Il n'y a pas d'*os lacrymal* distinct. Il est confondu avec la masse latérale de l'ethmoïde. La gouttière lacrymale est creusée sur cette masse *ethmo-lacrymale* qui est très épaisse, légèrement concave en arrière du côté de l'orbite et convexe en avant.

L'*intermaxillaire* est formé presque tout entier par la *branche médiane* qui commence à la base du *triangle nasal*, remonte en se courbant jusqu'au sommet du triangle en décrivant une courbe à concavité inférieure et redescend jusqu'à la pointe du bec.

La face dorsale de cette branche médiane est creusée d'un sillon dans sa partie ascendante entre les os nasaux, arrondie au delà de leur pointe. Sa face inférieure ou profonde est aussi arrondie.

Cette branche médiane est serrée entre les nasaux dans l'étendue du triangle nasal. Près de la pointe du bec, elle est placée du côté buccal au fond d'une gouttière dont les côtés sont formés par les parties latérales de l'intermaxillaire qui, vues à la face dorsale, élargissent le bout du bec.

Ces parties latérales ou *branches latérales* s'écartent et vont s'unir au maxillaire supérieur en limitant, en dehors de la branche médiane, un large trou qui loge la narine.

Les branches latérales de l'intermaxillaire se placent en dehors des maxillaires supérieurs ; elles sont donc tout à fait situées au devant des maxillaires, ce qui justifie le nom de *prémaxillaires.*

Le *maxillaire supérieur* de son côté envoie de son angle antérieur et externe une pointe d'une longueur médiocre qui se place en dedans de l'intermaxillaire. Derrière cette pointe il envoie en dedans une lamelle légèrement convexe en dessus, concave en dessous qui se porte sous le nasal et s'avance transversalement jusqu'à la ligne médiane où elle s'unit par une symphyse à celle du côté opposé. Il y a ainsi un grand espace ovalaire limité en avant par l'intermaxillaire, en arrière par les maxillaires supérieurs.

Cette *lame transversale* reçoit sur sa face dorsale, près de son bord postérieur, la pointe du nasal. Elle s'amincit en arrière et, au delà de la masse ethmo-lacrymale, s'unit au *jugal* placé à son côté externe et qui est aussi lamelleux. Au côté interne du *jugal* s'applique le *quadrato-jugal* formant une tige grêle qui va retrouver l'*apophyse inférieure externe de l'os carré.*

Ces éléments de l'*arcade maxillo-jugale*, quoique soudés entre eux, sont faciles à reconnaître.

L'arcade maxillo-jugale présente une double courbure. Considérée d'avant en arrière, elle est d'abord concave en dedans, convexe en dehors jusqu'à l'extrémité du jugal qui dessine une *coudure ;* puis la partie formée par le quadrato-jugal est convexe en dedans, concave en dehors.

Derrière la symphyse des lames transversales des maxillaires supérieurs se trouve le *double vomer.*

Le *vomer*, appliqué au bord de la cloison ethmoïdale, est composé de deux branches qui par leurs extrémités postérieures se touchent en avant du présphénoïde et des ptérygoïdiens, puis s'écartent en enfermant un espace ovoïde étroit, et par leurs extrémités antérieures s'unissent en une pointe qui s'allonge vers la symphyse des maxillaires et se perd dans le tissu fibreux de la cloison nasale.

De chaque côté du vomer se trouvent les *palatins* qui présentent trois apophyses : 1° une *apophyse antérieure interne* courte et terminée par une pointe qui n'atteint pas le maxillaire supérieur ; 2° une apophyse *antérieure externe* qui atteint la lame transversale du maxillaire supérieur et dont la base s'applique à la face inférieure aplatie de la *masse latérale de*

l'ethmoïde ; entre ces deux apophyses, on voit les *cornets olfactifs ;*
3° une apophyse postéro-externe en forme de crochet récurrent.

Le *corps même du palatin* est une lame allongée qui s'applique
au bord de la cloison ethmoïdale, au vomer et au maxillaire
supérieur et dont l'extrémité postérieure s'articule derrière le
vomer avec celle de l'autre palatin et avec le *rostre sphénoïdal.*

Derrière le *palatin,* le *ptérygoïdien* s'applique au rostre sphénoïdal par une expansion qui glisse sur ce rostre ainsi que sur
le côté de la cloison ethmoïdale.

Le *ptérygoïdien* est une tige à double courbure dont la partie
antérieure plus mince s'élargit en avant pour former cette
expansion qui limite le sphénoïde postérieur. La moitié postérieure de la tige qui est plus massive, va retrouver l'os carré,
mais avant d'atteindre cet os, elle présente à sa partie interne
une *petite apophyse en forme de crochet récurrent* qui existe aussi
chez l'hirondelle.

L'*os carré,* chez le *martinet* peut être représenté par un
triangle surmontant un trapèze.

Les deux têtes de l'os carré sont bien séparées l'une de l'autre
par un grand trou aérien.

La tête antérieure s'articule avec le squamosal immédiatement en avant de l'apophyse zygomatique et au-dessous de
l'apophyse orbitaire postérieure.

La tête postérieure s'articule avec le rocher en avant du sinus
des orifices vestibulaires.

L'os carré est un peu tordu sur son axe. Sa face *antéro-externe*
est un peu convexe, presque plane dans sa partie supérieure
qui est très élargie par l'*apophyse orbitaire* laquelle est très
sessile et confondue par sa base avec le corps de l'os. Dans cette
partie le bord *interne,* concave jusqu'à la pointe de l'apophyse,
est d'abord séparé de l'alisphénoïde, par un trou dans la partie
qui correspond au col de l'os carré, puis appliqué à l'alisphénoïde par la face profonde de l'apophyse. Au-dessous de la
pointe de l'apophyse, ce bord tout à fait libre, se porte de haut
en bas et d'avant en arrière, en dessinant une légère concavité,
puis offre une facette saillante pour l'articulation avec le
ptérygoïdien et se termine par la *facette interne du condyle.*

Le bord *postéro-externe* de l'os carré, un peu tranchant en
haut, épais en bas, présente une concavité uniforme qui se ter-

mine sur l'*apophyse inférieure externe* articulée avec le quadrato-jugal et sur la facette externe du condyle.

La face *postéro-interne* ou *profonde* de l'os carré est concave et creusée d'nne *fossette* qui sépare les deux têtes et se prolonge au-dessous.

Au-dessus du condyle cette face est en contact avec le *siphonium*[1] qui la sépare de l'extrémité de l'apophyse paramastoïde.

La ligne qui prolonge l'extrémité tympanique de la trompe d'Eustache coupe en deux l'apophyse orbitaire de l'os carré.

Le *condyle*, c'est-à-dire la surface articulaire destinée au maxillaire inférieur est divisé en deux parties disposées pour un *emboîtement réciproque*. La partie externe présente une facette *convexe*, un peu *transversale*, placée sur la face inférieure de l'apophyse déjetée qui s'articule avec le quadrato-jugal.

Une *gouttière oblique de dehors en dedans* sépare cette *facette externe* d'une *facette interne, convexe, plus allongée, dirigée obliquement d'arrière en avant et de dehors en dedans.*

Dans son ensemble ce condyle est transversal.

Maxillaire inférieur. — Le condyle du *maxillaire inférieur* (*mandibule*) présente de son côté à sa partie externe une *cavité tranversale* qui reçoit la facette convexe correspondante de l'os carré, puis une *colline oblique de dehors en dedans* qui se loge dans la *gouttière*, puis encore une *cavité oblique* où se loge la facette interne, cavité creusée dans l'*apophyse interne* déjetée de la mandibule. On voit que l'ensemble de l'articulation a une direction transversale.

Il n'y a pas chez le martinet d'*apophyse serpiforme*, l'angle de la mâchoire offre seulement un petit tubercule suivi d'une petite colline qui sépare l'apophyse interne triangulaire d'une surface concave bornée en dehors par le bord externe de la surface articulaire.

Cette partie élargie se termine en avant par un angle aigu qui se continue avec un bord inférieur d'abord arrondi, puis tranchant, concave en dessous, jusqu'au bout du bec.

Les surfaces articulaires appartiennent à la face supérieure. En avant d'elles se trouve une *fossette triangulaire* à sommet antérieur suivie du bord tranchant. Près du sommet du triangle on voit l'orifice du canal dentaire.

---

1. *Essai*, p. 223.

Il n'y a pas chez le martinet de *trou postdentaire*.

Les branches du maxillaire inférieur sont comprimées ce qui rend leurs bords tranchants ; les faces sont un peu tournées l'externe vers le haut, l'interne vers le bas. On voit sur la face externe un sillon creusé sur la courbure et prolongé derrière elle.

Les deux branches s'unissent très près de la pointe. La symphyse convexe en dessus, concave en dessous est flexible et les branches peuvent facilement s'écarter et se rapprocher l'une de l'autre ; c'est une *flexibilité latérale ;* mais cette flexibilité n'existe pas dans le sens vertical où se concentre toute la résistance.

Le maxillaire inférieur peut s'abaisser beaucoup pour ouvrir un large bec. Néanmoins le bec supérieur paraît très petit à cause du peu d'étendue du corps de l'intermaxillaire et de la partie cornée qui le recouvre.

La mobilité de la mâchoire supérieure, favorisée par la flexibilité de la région naso-frontale existe chez les fissirostres comme dans la généralité des passereaux [1].

Description des cavités orbitaires.

Ce que nous avons dit sur la conformation du squelette de la tête chez le martinet a besoin d'être complété par une description détaillée des cavités orbitaires indispensable pour les comparaisons.

L'orbite est formée en avant par la masse ethmo-lacrymale, en dedans par la cloison interorbitaire, en haut par la lame susorbitaire du frontal, en arrière par la lame descendante du frontal et par l'alisphénoïde.

On y voit donc d'avant en arrière :

1° La masse latérale ou ethmo-lacrymale de l'ethmoïde.

2° La cloison interorbitaire appuyée par son bord supérieur contre les frontaux, bordée inférieurement par un bourrelet longitudinal qui se continue en arrière avec le présphénoïde et sur lequel s'appuient les palatins et le vomer.

1, *Essai*, p. 214 à 226,

3° Près du bord supérieur la gouttière olfactive qui loge le nerf olfactif et qui en avant perce la cloison.

4° En avant de la gouttière olfactive la gouttière lacrymale.

5° A la limite postérieure de la gouttière olfactive une grande fontanelle ovalaire dont la pointe antérieure se continue avec la gouttière.

6° Sous la gouttière une autre fontanelle ovale aussi grande que le trou optique mais avec le grand diamètre horizontal.

7° Derrière la grande fontanelle la partie antérieure de la lame descendante du frontal se dirigeant d'arrière en avant vers le trou optique, entre la grande fontanelle et une fontanelle arrondie plus petite.

8° Derrière celle-ci, la partie postérieure de la lame descendante du frontal. Ces deux lames vont s'unir à l'alisphénoïde.

9° Une petite fontanelle située en avant du trou optique dont elle est séparée par l'orbito-sphénoïde.

10° Le *trou optique* assez grand, ovalaire avec la pointe en haut, limité en avant par l'orbito-sphénoïde, en arrière par l'alisphénoïde.

11° Les *orbito-sphénoïdes soudés en une pièce médiane unique* située en avant et en dedans des trous optiques et les séparant, se distinguant par un *tissu blanc jaundtre* de la cloison ethmoïdale transparente dont ils sont séparés par la petite fontanelle située en bas.

12° Des prolongements que les orbito-sphénoïdes envoient au-dessous du trou optique.

13° Des prolongements que l'orbito-sphénoïde envoie au-dessus du trou optique et qui se portent en avant et en arrière vers le bord de la grande fontanelle.

14° L'alisphénoïde bordant en arrière le trou optique, perforé par le *trou rond* et d'autres trous dont le postérieur est le trou ovale.

15° Derrière le trou ovale qui se prolonge en forme de gouttière, le bord postérieur de l'alisphénoïde échancré pour le col de l'os carré.

16° L'angle antérieur bilobé de l'alisphénoïde.

17° La jonction de l'alisphénoïde avec le postsphénoïde recouverte par la trompe d'Eustache.

18° Le prolongement de l'alisphénoïde jusqu'à l'apophyse orbitaire postérieure.

Toutes ces particularités se retrouvent chez l'hirondelle dont la tête osseuse diffère peu de celle du martinet.

Colonne vertébrale.

Région cervicale. — Les vertèbres cervicales du *martinet* sont au nombre de 13 en comptant la *prédorsale* et de 12 en abandonnant cette dernière à la région dorsale dont elle est alors la première vertèbre.

La région cervicale, que nous supposons placée suivant une ligne horizontale, décrit d'abord une courbe à concavité supérieure qui va de la 1re vertèbre à la 10e, puis une courbe à concavité inférieure qui va de la 8e à la 12e.

Nous désignons comme antérieure l'extrémité qui regarde la tête et comme postérieure l'extrémité opposée.

L'*atlas* est formé d'un *anneau médullaire* et d'un *anneau plus petit* qui entoure l'apophyse odontoïde de l'axis.

L'anneau médullaire se compose d'un arc de cercle dorsal et de deux branches convergentes inclinées en avant qui vont retrouver les côtés du petit anneau. L'arc de cercle dorsal offre à chacune de ses extrémités un petit tubercule qui est l'apophyse *transverse*. Une légère dépression sépare chacun de ces tubercules de la partie moyenne qui répond à l'*apophyse épineuse* et se distingue par un tissu plus blanc et plus opaque.

L'arc de cercle dorsal est étroit, peu épais, arrondi en bourrelet sur la face superficielle, taillé en biseau sur la face profonde, de manière à présenter un bord antérieur tranchant.

Les deux branches, qui sont les *lames vertébrales*, d'un tissu transparent, faisant un angle à ouverture antérieure avec l'arc de cercle dorsal, creusées en dedans suivant leur longueur d'une légère cannelure, aboutissent aux côtés du petit anneau et leur face profonde, se réfléchissant en dedans, se continue avec la surface médullaire.

Le *petit anneau*, complété par l'ossification du *ligament odontoïdien transverse*, forme un *cercle entier* qui entoure la partie antérieure de l'apophyse odontoïde en figurant un *cen-*

trum de poisson évidé et rempli par une grosse corde dorsale.

Les faces latérales aplaties du petit anneau, se portant directement en bas, font avec les branches latérales un angle obtus. Son segment inférieur (*hypocentrum*) émet une *hypapophyse récurrente divisée en deux tubercules divergents*. Le tissu de l'hypapophyse est opaque et d'un blanc jaunâtre.

L'aire de l'anneau médullaire de l'atlas est beaucoup plus petite que celle du grand trou occipital. Le contact direct des surfaces osseuses a lieu uniquement entre la cupule de l'atlas, le condyle, et le sommet de l'apophyse odontoïde.

L'axis est beaucoup plus volumineux que l'atlas.

L'*apophyse épineuse*, de forme caractéristique, est une *large plaque verticale* en forme de croissant, plus étroite au milieu, avec des expansions latérales.

Sa face antérieure a un bord supérieur mousse et un bord médullaire tranchant au-dessous duquel on voit sur la ligne médiane un petit tubercule qui est l'élément médian de l'apophyse épineuse [1].

De chaque côté de l'élément médian se trouve un fossette et, en dehors de celle-ci, un tubercule qu'une autre fossette sépare de l'angle latéral formé par une *apophyse transverse* aplatie, creusée en dessous d'une facette qui s'articule avec l'apophyse articulaire antérieure de la 3ᵉ cervicale.

La face postérieure du croissant présente sur la ligne médiane un tubercule qui répond à celui de la face antérieure et, de chaque côté, une fossette limitée par un bord médullaire mousse; puis, enfin, l'apophyse transverse avec sa facette articulaire.

Au-dessous de cette facette articulaire postérieure (*zygapophyse postérieure*) on voit une lame vertébrale large et épaisse qui va retrouver obliquement le corps de l'axis lequel présente une *hypapophyse trifurquée*, une facette pour l'articulation avec le corps de la 3ᵉ vertèbre cervicale et un prolongement antérieur qui est l'*apophyse odontoïde*. Celle-ci se loge dans le petit anneau de l'atlas, mais ne dépasse pas le fond de la cupule qui reçoit le condyle de l'occipital.

L'*axis n'a pas de côtes;* les lobes latéraux de l'hypapophyse peuvent être regardés comme des *parapophyses*.

---

1. *Essai*, p. 254.

L'arc *neural* ou *épineux* de l'axis est serré contre celui de l'atlas, mais il est séparé par un large espace de la 3ᵉ cervicale.

3ᵉ *cervicale*. — L'arc neural a un bord antérieur tranchant, échancré au milieu, avec un *tubercule épineux moyen* comprimé, mince au sommet, peu saillant, voisin du bord postérieur mousse, échancré, qu'une colline oblique relie à une *hyperapophyse* [1] saillante surmontant l'apophyse articulaire postérieure. Le bord antérieur se continue de chaque côté avec une apophyse transverse à petite pointe postérieure portant en avant l'apophyse articulaire antérieure sous laquelle se trouve une facette pour l'articulation avec la tête externe de la côte.

Le corps de la vertèbre est massif avec deux surfaces articuculaires, l'une en avant, l'autre en arrière, une *parapophyse* de chaque côté pour la tête interne de la côte et, sur la face inférieure, une *hypapophyse récurrente*, convexe, mousse en arrière, tranchante en avant, située à l'arrière du corps vertébral.

La *côte* est une masse cubique munie d'un stylet récurrent.

4ᵉ *cervicale*. — Résumons les caractères. — Apophyse épineuse *procurrente*, reliée aux hyperapophyses par des collines obliques en arrière. — Apophyses articulaires postérieures lancées en arcs-boutants sur les apophyses articulaires antérieures de la vertèbre suivante; bord antérieur de l'arc neural offrant derrière lui un trou aérien. — Apophyses transverses portant en avant les apophyses articulaires antérieures. — Côtes placées très avant, articulées par une tête externe avec la face inférieure des apophyses articulaires antérieures et les apophyses transverses, par une tête interne avec les parapophyses, composées d'une partie cubique et d'un stylet. — Hypapophyse légèrement saillante en avant avec un bord tranchant, mousse et bifurquée en arrière.

5ᵉ, 6ᵉ, 7ᵉ, à peu près semblables à la 4ᵉ. Pas d'hypapophyse.

8ᵉ. — Hypapophyse faisant une très petite saillie à l'arrière de la vertèbre.

9ᵉ, 10, 11ᵉ. — Hypapophyses médianes, procurrentes, comprimées, tranchantes, allant en croissant de la 9ᵉ à la 11ᵉ. — Côtes de plus en plus courtes et massives. — Parapophyses croissant en longueur et en largeur. Trous aériens sur le côté des corps vertébraux.

---

1. *Essai*, p. 255. Je préfère cette expression adoptée par Mivart à celle de métapophyse épineuse que j'ai proposée.

12°. — Stylet costal très réduit au bout d'une longue parapophyse qui limite un grand trou pour l'artère vertébrale. — Grand trou aérien à la base de l'hypapophyse qui fait peu de saillie.

Toutes ces vertèbres n'ont que peu de longueur. Elles sont cubiques dans leur ensemble. Elles vont en croissant de volume d'avant en arrière. Les trous de conjugaison vont aussi en grandissant.

13° cervicale ou *prédorsale*. — Cette vertèbre termine la courbure postérieure de la région cervicale. Elle se meut avec l'ensemble de cette région; les surfaces articulaires antérieures sont conformées comme dans les vertèbres cervicales, les surfaces articulaires postérieures comme dans les vertèbres dorsales.

Elle ressemble aux vertèbres dorsales par ses zygapophyses postérieures aplaties, par la largeur de l'hypapophyse plate, carénée, avec deux ailes latérales, et formant un triangle à sommet postérieur mousse.

L'apophyse épineuse *procurrente* est un tubercule un peu allongé, mais non comprimé. Des hypapophyses peu saillantes surmontent les zygapophyses postérieures.

Un grand trou aérien à la base de chaque lame vertébrale. — Pas de parapophyses, ce qui distingue cette vertèbre des dorsales aussi bien que des cervicales. — Côte formée par un petit stylet mobile, *sans base cubique*, articulé par une seule tête avec une facette inférieure de l'apophyse transverse qui projette en dehors une pointe relevée.

Région dorsale. — Il y a 7 vertèbres dorsales proprement dites; il y en aurait 8 en comptant la prédorsale.

Caractères généraux. — *Apophyses épineuses procurrentes*, en forme de parallélogrammes dont la hauteur est un peu moindre que la longueur égale à celle des corps vertébraux, comprimées, à bord supérieur mousse muni d'une épine antérieure et d'une épine postérieure très courtes; base du bord postérieur de l'apophyse se prolongeant en dehors et en arrière pour former la zygapophyse postérieure.

Apophyses transverses plates, récurrentes, à peine relevées, composées d'une *tige compacte* munie en avant et en arrière d'une expansion foliacée, la postérieure avec un bord concave, l'antérieure avec un bord convexe, portant sur sa base la zygapophyse antérieure. La *tige*, qui fait une saillie bien marquée à sa face profonde, présentant près de son extrémité une facette convexe pour la tête externe de la côte vertébrale, sur sa face dorsale, au-dessus de cette facette un tubercule, saillant.

Sur la face latérale du *corps vertébral*, en avant, entre la base de la tige et le bord du trou de conjugaison, une *parapophyse* pour la tête interne de la côte vertébrale. — Faces latérales des *corps vertébraux* excavées, ne laissant plus au milieu qu'une lame mince dont le bord inférieur se confond avec la base de l'*hypapophyse*.

Sept *hypapophyses* procurrentes, croissant en longueur de la 1re à la 4e, terminées par un sommet aplati, dont la grandeur diminue dans le même sens.

Côtes avec deux têtes séparées par un large intervalle, articulées l'une avec la diapophyse, l'autre avec la parapophyse.

Caractères particuliers. — 1re *dorsale.* — Apophyse épineuse très inclinée avec une post épine et une préépine bien distinctes [1]. — Zygapophyse postérieure projetée en arc-boutant, surmontée d'une hyperapophyse. — Apophyse transverse échancrée en avant et en arrière. — Zygapophyse antérieure saillante.

Parapophyse à l'union de la tige de l'apophyse transverse avec l'extrémité externe de la facette articulaire antérieure du corps vertébral.

Apophyse transverse offrant sur le bord de son échancrure postérieure, une seconde colonne oblique en arrière, limitant en bas le trou de conjugaison. Entre cette colonne et la face inférieure de l'apophyse transverse, derrière la surface articulaire pour la tête externe de la côte, un trou aérien.

Au-dessous du large trou de conjugaison, corps vertébral très excavé limité en arrière par une lèvre oblique en arrière et légèrement concave.

Hypapophyse avec un pédicule court trapézoïde, concave en avant et en arrière, et une plaque large avec deux ailes que sépare une carène médiane.

Côte vertébrale avec deux fortes têtes séparées par un large canal, flottante, très distante d'une toute petite côte sternale articulée avec le haut du bord externe de l'apophyse hyosternale.

2e *dorsale.* — Mêmes caractères à peine modifiés. — Corps

---

1. *Essai*, p. 257.

vertébral plus large, mais un peu moins excavé, bord de la surface articulaire postérieure plus marqué en relief, hypapophyse plus longue avec une plaque plus petite.

3ᵉ *dorsale*. — Hypapophyse plus longue et plus étroite, plaque réduite, encore bifurquée.

4ᵉ *dorsale*. — Hypapophyse la plus longue, plaque non divisée, plus réduite.

5ᵉ *dorsale*. — *Corps vertébral mobile sur le* 4ᵉ, hypapophyse encore longue, plus grêle.

6ᵉ *et* 7ᵉ *dorsales*. — *Corps vertébraux soudés entre eux et le* 7ᵉ *avec le sacrum*. Hypapophyses grêles et courtes. — Apophyses épineuses soudées et confondues avec la crête sacrée.

Les 2ᵉ, 3ᵉ, 4ᵉ et 5ᵉ dorsales ont des côtes vertébrales à deux têtes munies d'une *appendice* ou *apophyse récurrente*, coudée, insérée au-dessous du milieu de la longueur de la côte, large au-dessous de la coudure, grêle au-dessus. Ces côtes s'articulent avec des côtes sternales.

La 6ᵉ et la 7ᵉ dorsales ont des côtes vertébrales dépourvues d'appendice. La côte sternale de la 6ᵉ s'articule avec le sternum, mais celle de la 7ᵉ n'atteint pas le sternum et s'accole à la côte sternale de la 6ᵉ. Je trouve en outre une petite côte sternale isolée sans côte vertébrale, accolée à la partie moyenne de la dernière.

Région lombo-sacrée. — La 6ᵉ et la 7ᵉ dorsales se comportent comme des *prélombaires*. Leurs apophyses épineuses soudées font partie de la crête du sacrum. Leurs corps sont soudés, un petit relief est le seul indice de la suture. Celui de la 7ᵉ dorsale est confondu avec le sacrum.

Les apophyses transverses sont aussi soudées; on voit un petit pertuis entre la 6ᵉ et la 7ᵉ et un autre entre la 7ᵉ dorsale et la 1ʳᵉ sacrée.

La 7ᵉ dorsale, dont la côte ne s'articule qu'avec l'apophyse transverse (diapophyse) n'a pas de parapophyse.

La face ventrale du sacrum présente d'abord une *crête médiane* formant la base des 6ᵉ et 7ᵉ hypapophyses dorsales et montrant ensuite une *petite hypapophyse procurrente en crochet* derrière laquelle la crête se continue jusqu'à la région du *sinus rhomboïdal* qui se montre comme une fosse elliptique peu profonde limitée par deux *bourrelets convergents*.

De chaque côté de la partie terminale de la crête se trouvent deux parapophyses très grêles formant des *arcs-boutants iliaqués* appuyés à la face profonde du *préiléon*.

Dans la longueur de la région du *sinus rhomboïdal*, il y a 5 vertèbres sacrées (les 3°, 4°, 5° et 7°) ; ensuite il y en a 2 (la 8° et la 9°), qui peuvent être rapportées, la dernière surtout, à la région caudale, mais dont les corps soudés terminent le sacrum. Leurs apophyses transverses appliquées au *postiléon* les rattachent au bassin.

Ces vertèbres ne montrent que des apophyses transverses sans parapophyses.

Les apophyses transverses des deux 1res sacrées, celles qui ont des parapophyses, ne sont distinguées à la face dorsale que par deux petits pertuis, l'un qui sépare la 7° dorsale de la 1re sacrée, l'autre un peu plus grand qui sépare la 1re sacrée de la 2°.

Les 7 autres sont séparées par de grands trous qui affectent une forme arrondie.

La 6° apophyse transverse du sacrum peut être considérée comme un arc boutant cotyloïdien, la 5° qui la précède et la 7° qui la suit viennent fortifier cet arc-boutant.

En effet, la 6° apophyse transverse va retrouver la crête iléo-ischiatique et celle-ci qui s'élargit en forme de T reçoit sur sa barre transversale les extrémités des trois apophyses.

Les vertèbres sacrées n'ont pas d'hypapophyses.

A la face dorsale, la crête sacrée formée d'abord par les apophyses épineuses soudées des 2 dernières dorsales, puis par celles des vertèbres du sacrum, se dessine nettement sur les 6 premières sacrées, puis elle s'efface, mais est encore visible jusqu'à la 8° ; puis enfin elle fait place à une gouttière superficielle qui s'étend sur la dernière vertèbre sacrée.

Région caudale. — On compte à partir du sacrum 7 vertèbres caudales indépendantes avec des apophyses épineuses *procurrentes* petites mais bien distinctes, croissant d'avant en arrière, la 6° la plus longue, et la 7° un peu redressée.

Les 3 premières apophyses transverses sont bien transversales, décroissant d'avant en arrière, la 1re assez longue dépassant l'angle de l'iléon.

Les 4 suivantes sont procurrentes, la 4° est courte, la 5° et la 6° sont plus longues et terminées par des tubercules. La 7° est plus courte que la 4°.

Vient ensuite l'os en charrue dont la première vertèbre peut encore être distinguée par une petite pointe épineuse et un sillon latéral.

Son hypapophyse large et massive est divisée en 3 lobes, un médian antérieur et 2 latéraux postérieurs.

Les 7ᵉ, 6ᵉ et 5ᵉ caudales ont des hypapophyses *procurrentes*, larges, à sommet bifurqué pour la 7ᵉ et la 6ᵉ.

Les 4ᵉ, 3ᵉ, 2ᶜ et 1ʳᵉ caudales n'ont pas d'hypapophyses.

L'os en charrue présente une crête dorsale convexe et un bord postérieur concave, un peu épais près du sommet, s'atténuant ensuite et enfin s'élargissant pour s'unir aux lobes latéraux de la grosse hypapophyse.

Membre abdominal.

Ceinture iliaque[1]. *L'aile antérieure de l'iléon* ou *préiléon* s'articule par sa face profonde avec l'apophyse transverse de la 7ᵉ dorsale et entre en contact avec la 7ᵉ côte.

Son angle antérieur et externe est le commencement de la *crête iliaque tranchante* qui occupe les deux tiers antérieurs d'un *bord externe* d'abord convexe, puis légèrement concave jusqu'à un petit tubercule au delà duquel il se continue, par un bord mousse un peu concave, jusqu'au *bourrelet cotyloïdien*. Sa face profonde est doublée en dedans par un bourrelet allongé un peu concave, qui se termine à la cavité cotyloïde.

L'extrémité antérieure de ce bourrelet allongé s'appuie sur les arcs-boutants formés par les deux parapophyses antérieures du sacrum.

On trouve sur la face dorsale, en dedans et en arrière de la crête iliaque, une *fosse iliaque externe* limitée par la *crête iléo-ischiatique*, laquelle en dedans se divise en deux branches en forme de T qui s'appliquent, ainsi que nous l'avons dit, aux sommets des apophyses transverses des 5ᵉ, 6ᵉ et 7ᵉ vertèbres sacrées.

La crête iléo-ischiatiaque aboutit en dehors à *l'apophyse trochantérienne*, puis se réfléchit et se porte en arrière pour border

----

1. *Essai*, p. 280, 288.

le trou *sciatique* le long de l'*aile postérieure de l'iléon* ou *post-iléon* jusqu'au contact de l'ischion.

Le *post-iléon* forme un *bouclier tergal* quadrilatère convexe en dessus, concave en dessous, d'un tissu transparent, plus épais et plus opaque sur les bords.

La face profonde concave de l'iléon est occupée par les deux *fosses rénales* qui sont à peine distinctes l'une de l'autre, n'étant séparées, que par le relief peu prononcé, que la crête iléo-ischiatique dessine sur cette face profonde. L'antérieure répond au pré-iléon, la postérieure au *bouclier tergal* formé par le *post-iléon*.

L'*ischion*, partant de la cavité cotyloïde, est d'abord une *tige étroite* qui borde le trou sciatique par un bord plat, puis tranchant, s'élargit, se soude au *post-iléon* et se termine par une *longue queue* un peu convexe en dehors, concave en dedans, sur le bord externe de laquelle s'applique le pubis.

La partie antérieure étroite de l'ischion, légèrement excavée à sa face superficielle, est creusée d'un sillon longitudinal à sa face profonde. Elle émet un peu en arrière de la cavité cotyloïde une *apophyse latérale plate* qui, en s'appliquant au pubis, sépare les deux trous ovales.

Le *pubis* est une mince lamelle costiforme à double courbure qui se prolonge beaucoup au delà de la queue de l'ischion en convergeant vers celle du côté opposé.

Il y a entre le pubis et l'ischion un *grand trou ovale* postérieur et un *petit trou ovale* antérieur séparés par l'*apophyse plate* de l'ischion.

Le *petit trou ovale* est borné en bas par le pubis creusé d'une gouttière oblique pour le tendon de l'obturateur, en haut par le segment antérieur de l'ischion, formant un triangle excavé qui borde la cavité cotyloïde, et rejoint par son angle antérieur l'apophyse trochantérienne.

La *cavité cotyloïde* est très petite ; elle est composée d'abord d'une partie inférieure et externe pleine, formée en arrière et en dehors par l'ischion et le pubis, en avant par l'iléon. Vue par sa face profonde, cette partie pleine est située immédiatement en avant du petit trou ovale, au point de rencontre des 3 os. Elle est creusée d'une cupule pour la tête du fémur.

Il y a en dedans de la *partie pleine* une *partie perforée*, située entre l'iléon et l'ischion, surmontée en avant et en haut par l'apophyse trochantérienne et qui, à la face profonde du bassin, se trouve cachée dans l'angle postéro-externe de la fosse rénale antérieure.

La cavité cotyloïde et la tête du fémur étant très petites, c'est surtout par la conjonction de l'apophyse trochantérienne, du col du fémur et du trochanter que se fait l'articulation du fémur avec le bassin [1].

Le tissu des os du bassin, chez le martinet, est pour la plus grande partie mince et transparent. Les parties opaques sont jaunâtres. Je n'y vois pas de cavité aérienne.

Fémur. — La longueur du fémur chez le martinet est à peu près les 2/3 de celle de la jambe et égale à celle des 6 premières dorsales réunies.

La tête est un petit tubercule presque hémisphérique, plus séparé en dedans où il est limité par un sillon plus profond.

Le *col* est une masse triangulaire *dont le bord supérieur est presque* perpendiculaire à l'axe de la diaphyse tandis que le bord interne qui fait avec elle un angle de 45 degrés se prolonge obliquement jusqu'au milieu de celle-ci. Sur ses deux faces, le triangle est creusé, au-dessous du *bourrelet transversal* qui forme son bord supérieur, d'une fossette triangulaire.

Le trochanter monte plus haut que la tête du fémur. Son bord supérieur (externe) est un bourrelet à peine courbé, presque transversal (antéro-postérieur) avec un angle antérieur arrondi suivi d'une petite crête descendante qui borde le triangle. Ce bord supérieur se continue par son angle postérieur avec un tubercule qui distingue le commencement du col.

Un relief entoure le triangle.

La diaphyse offre une surface antérieure cylindrique, bifurquée inférieurement en deux collines obliques prolongées jusqu'aux condyles.

La face externe présente une torsion, et au 1/4 inférieur un tubercule.

La face interne présente aussi un tubercule qu'on retrouve chez l'hirondelle.

En avant, les deux condyles sont séparés par une *gouttière rotulienne* plus profonde chez le martinet que chez l'hirondelle.

Le *condyle interne* est plus fort. Son versant occupe une plus grande place dans la gouttière. Il appuie largement sur le tibia.

1. *Essai*, p. 289, 344, 361.

Le *condyle externe*, plus petit et plus déjeté, porte presque tout entier sur le péroné qu'il écarte beaucoup dans la flexion [1]. Son bord antérieur est lisse au-dessous de l'insertion du jambier antérieur pour le glissement du tendon.

La gouttière qui sépare les condyles en arrière est moins profonde que la gouttière antérieure.

La *rotule*, qui glisse dans la gouttière antérieure, est discoïde et convexe à sa face profonde.

Le tissu du fémur est très compact. Je ne trouve pas de cavité aérienne.

Le *péroné* monte très haut au-dessus du *condyle externe du tibia*.

La *tête* est bien dessinée, petite, mais grosse par rapport au stylet qui la suit.

Ce *stylet*, d'abord assez écarté du tibia, va se terminer sur le bas de la face postérieure de la *crête péronière du tibia*.

Longueur du péroné, 7 millimètres, longueur du tibia, 18 millimètres.

Tibia. — L'extrémité supérieure du tibia, caractérisée chez le martinet par le peu de saillie de ses crêtes, offre une tubérosité externe qui s'articule avec la tête du péroné.

La *crête externe* arrondie, peu saillante, n'est séparée que par un petit enfoncement de la *crête antérieure* ou *interne* qui est peu saillante et n'a qu'un bord mousse.

Cette *crête* ou plutôt cette *tubérosité antérieure* s'élève au-dessus du condyle interne, mais s'en détache à peine.

Le *condyle interne* se continue avec une *crête diaphysaire interne* peu saillante, séparée en avant par un léger sillon, mais, en arrière, continue avec la face postérieure qu'elle élargit sensiblement.

Au-dessous de la tubérosité externe se trouve la *crête péronière* présentant d'abord une échancrure qui augmente l'espace qui la sépare du péroné dont elle reçoit plus bas l'extrémité inférieure.

La *face postérieure du tibia* est élargie par ces deux crêtes dans son 1/4 supérieur.

Cette face, limitée en haut par un bourrelet, s'élargit au niveau des deux crêtes, devient ensuite cylindrique et se termine par une sorte de *gouttière rotulienne* qui sépare les deux condyles

---

1. *Essai*, p. 349 et 364.

inférieurs dont les faces latérales sont des disques dont l'interne est un peu plus grand que l'externe.

La *face antérieure* continue la *crête antérieure* jusqu'un peu au delà du péroné. Elle devient ensuite cylindrique et, se bifurquant, se termine par la *fosse condylienne antérieure* dont la branche interne est plus grosse que l'externe, de même que le *condyle inférieur interne* est beaucoup plus gros que le *condyle inférieur externe* qui est comme relégué à distance et déjeté en dehors, ce condyle interne donnant l'appui le plus direct.

Au fond de la fosse *condylienne antérieure* se trouve l'arc osseux dirigé de *haut en bas* et de *dehors* en *dedans* sous lequel passe le tendon de l'*extenseur commun*.

Canon. — L'os *canon* ou *tarso-métatarsien*, est plus court que le fémur (canon 1 centimètre, fémur 1 centimètre 7 millimètres). Sa largeur est celle du fémur, il est aplati dans son ensemble.

L'extrémité proximale présente deux condyles qui reçoivent les deux condyles inférieurs du tibia; de même que pour ceux-ci l'externe est moins grand que l'interne.

Les deux *crêtes du talon* dont la saillie se dessine sur la face plantaire, y limitent une large gouttière qui loge les *muscles courts des doigts* et les tendons des *longs fléchisseurs*.

La crête interne, beaucoup plus saillante que la crête externe, se continue avec le tranchant du *métatarsien interne*. Une fossette, creusée sur sa face profonde est le commencement d'une *gouttière interne* limitée en dehors par une colline peu saillante qui continue la crête externe et qu'une autre gouttière peu profonde sépare du bord tranchant de la colline qui forme le bord externe du canon.

Sur la face dorsale, cette dernière colline, qui représente le 4ᵉ métatarsien ou métatarsien externe, continue la crête externe, et s'étend depuis le condyle externe jusqu'à la facette qui s'articule avec le 4ᵉ doigt.

Une gouttière longitudinale qui contient l'adducteur du 4ᵉ doigt et se termine dans le *pertuis inférieur externe* que traverse le tendon de ce muscle (*gouttière dorsale externe*), sépare la *colline externe* de la *colline médiane*, qui correspond à la fois au 3ᵉ et au 2ᵉ métatarsiens.

Cette colline répond au condyle interne. On y voit d'abord, dans le 1/3 proximal, une manière de tête de radius, puis une partie concave dans le sens de la longueur où l'on trouve un *pertuis supérieur unique*, puis une petite crête (*empreinte tibiale unique*) où se fixe le tendon du jambier antérieur, laquelle se prolonge d'abord, puis se divise en deux parties, dont l'une aboutit à la facette articulaire du 3ᵉ métatarsien, l'autre à celle du 2ᵉ métatarsien.

En dedans de la crête du jambier antérieur, un *sillon interne* sépare la partie médiane de la colline de la partie interne qui, dans son tiers distal est unie par du tissu fibreux au *métatarsien du pouce* formant un triangle aplati à son angle supérieur, appliqué par un côté au tranchant du bord interne, s'articulant avec le pouce par une *facette réniforme* à grande courbure interne, à grand diamètre antéro-postérieur, ainsi que par une tête distale arrondie reçue dans une cavité plus petite de la 1ʳᵉ phalange, de manière à permettre des mouvements en avant, en arrière et sur le côté.

Des trois surfaces articulaires que le métatarse fournit aux trois doigts proprement dits, celle du 3ᵉ est seule une trochlée.

La trochlée interne est remplacée par un *condyle* qui permet au doigt de s'écarter. Une petite facette interne dessine le complément d'une trochlée.

La *facette médiane* est une trochlée à gorge un peu oblique.

La *facette externe* prend une forme particulière. Elle figure un *coin osseux* qui s'enfonce dans un *angle rentrant* que lui offre la base de la phalange. Le *coin* a une face supérieure et une face inférieure, toutes les deux légèrement convexes, et séparées par un bord mousse demi circulaire. La facette osseuse de la phalange, en parcourant ce demi-cercle, se porte tantôt en avant, tantôt en dehors, tantôt en arrière.

Le doigt externe du martinet est donc versatile aussi bien que le pouce, ce qui, à ma connaissance, n'a pas encore été signalé.

Le pouce a deux phalanges, chacun des autres doigts en a trois; mais la 2ᵉ phalange emboîte la 1ʳᵉ et ne se meut pas sur elle, de sorte que fonctionnellement les doigts du martinet n'ont que 2 phalanges.

Les facettes par lesquelles se fait l'articulation de la dernière phalange avec l'avant-dernière se prolongent beaucoup sur la face plantaire, ce qui permet une très forte flexion de la 3ᵉ phalange sur la seconde.

Appareil omo-sternal et membre thoracique.

STERNUM [1]

STERNUM DU MARTINET

FIG. III. — *Face latérale gauche.*

1. Crête. — 2. Apophyse épisternale. — 3. Apophyse sus-épisternale. — 4. Facette coracoïdienne. — 5. Apophyse hyosternale.

FIG. IV. — *Face superficielle.*

1. Crête. — 2. Facette coracoïdienne. — 3. Apophyse hyosternale.

FIG. V. — *Face profonde.*

1. Apophyse sus-épisternale. — 2. Facette coracoïdienne. — 3. Apophyse hyosternale — 4, 5. Trous aériens.

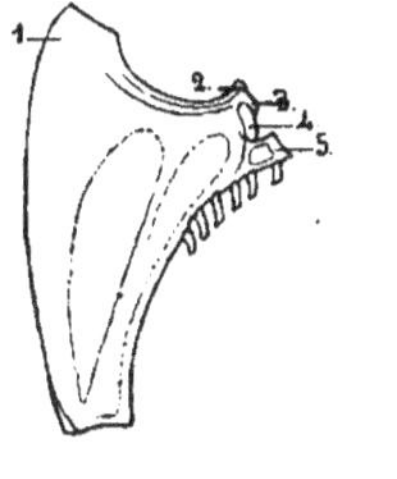 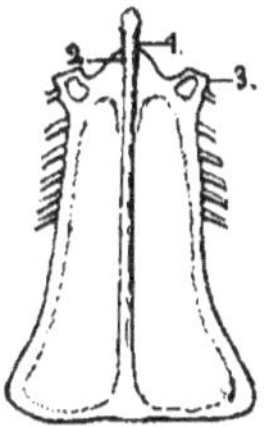 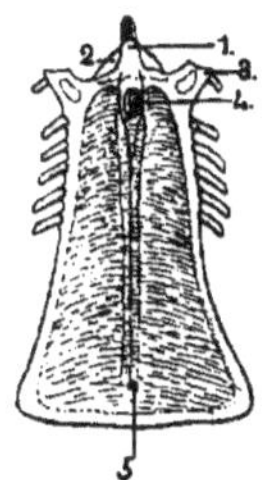

FIG. III.   FIG. IV.   FIG. V.

Le bord antérieur de la crête qui a, sur notre sujet, 13 millimètres de long, est plus grand que la moitié du bord postérieur qui a sur le même sujet 20 millimètres.

La crête sternale est très haute, sa plus grande hauteur en avant est mesurée par le bord antérieur.

Le bord inférieur, légèrement convexe, de cette crête, atteint presque le bord postérieur du sternum, dont il n'est séparé que par un très petit méplat (petit triangle de 3 millimètres de hauteur sur 3 millimètres de base). En avant ce bord inférieur s'incline brusquement en haut pour se terminer en une pointe qui est le commencement du bord antérieur.

Le bord antérieur d'abord formé par une *lame mince, tranchante, un peu concave*, commence par une petite échancrure

1. *Essai*, p. 141 et 264.

longue de 5 millimètres, limitée par une pointe au-dessus de laquelle commence une autre courbure où le bord s'élargit. Cette portion élargie du bord antérieur a l'aspect d'un *bourrelet* séparé en deux moitiés par une *carène* qui continue la lame mince tranchante et va se terminer sur l'*apophyse épisternale*, qui est assez réduite pour qu'on ait pu en nier l'existence [1].

L'apophyse épisternale du martinet est un tubercule convexe à pointe antérieure aiguë qui sépare les rainures coracoïdiennes et se prolonge sur la face profonde de manière à représenter à la fois l'apophyse *épisternale* et l'apophyse *sus-épisternale*.

Toute la partie antérieure de la crête sternale, formée d'un tissu plus solide, dessine une sorte de *hache* dont le *manche* épais est en haut et le *fer tranchant* en bas ; une des pointes du fer forme l'angle antérieur de la crête ; l'autre pointe se continue en arrière avec une bande d'un tissu moins épais et plus transparent limité en haut par la ligne intermusculaire qui continue le bord postéro-supérieur du fer de la hache.

La *rainure coracoïdienne*, qui ne mérite pas ce nom de *rainure* chez le martinet où elle présente une forme particulière, est une facette allongée convexe, à double courbure, taillée obliquement en partie sur le *manche de la hache*, en partie sur le bord antérieur du bouclier, laquelle en dedans pénètre un peu sous *l'apophyse épisternale* et en dehors se recourbe brusquement pour se terminer dans un creux derrière *l'apophyse hyosternale* qui est un petit triangle incliné en dehors (*divergent*) avec une pointe antérieure externe et une base oblique en arrière.

Chacune des moitiés du bouclier est une lame limitée en avant par un bord oblique sur lequel est taillée la *rainure*, lame dont la largeur n'est d'abord que de 4 millimètres et qui va en s'élargissant d'avant en arrière, surtout à partir de l'articulation de la 6ᵉ côte sternale. A partir de ce point le bord externe, d'un tissu plus épais, qui, en arrière de l'apophyse hyosternale, présente dans l'espace d'environ 6 millimètres, 5 facettes articulaires pour les côtes sternales, s'avance en décrivant une courbure à concavité externe et se termine sur un angle mousse où il se recourbe en dedans pour former le bord postérieur jusqu'à l'angle externe du méplat, se confondant avec le côté

1. *Essai*, p. 275.

de ce petit triangle et par son intermédiaire avec le bord inférieur de la crète sternale. Tout le bouclier dont le bord postérieur est dépourvu d'échancrures est ainsi limité par un *cadre* osseux d'un tissu plus solide.

La crète sternale s'unit au bouclier *sous un angle obtus*. Le long de cette union se dessine une gouttière.

La face superficielle du bouclier est légèrement *convexe*, la face profonde est *concave*.

La face profonde du bouclier se compose de deux versants symétriques unis sous un angle obtus.

On y voit sur la ligne médiane : l'apophyse *sus-épisternale* dont le bourrelet se prolonge en arrière et se bifurque en *deux petites colonnes* qui enferment un *grand trou ovale* derrière lequel elles vont se rejoindre. Ce trou, *orifice aérien*, a 2 millimètres 1/2 de long.

Au delà commence une gouttière médiane dont le fond correspond à la crète sternale et qui est bordée de chaque côté par une bande de tissu opaque, bande qui répond à la gouttière de la face superficielle.

A l'extrémité postérieure de la gouttière médiane, on voit un *petit trou aérien* et derrière celui-ci un bourrelet qui appartient au bord postérieur.

De chaque côté de l'apophyse *sus-épisternale* et en avant du *trou aérien antérieur*, le tissu compact de cette apophyse se continue sur la base de l'apophyse hyosternale et sur le *cadre* du bouclier. Entre ce point et le trou ovale se trouve un enfoncement que limite en dedans la petite colonnette qui borde le trou ovale.

La face profonde du bouclier est entourée par un *cadre osseux* qui forme le bord antérieur, se continue sur les côtés et constitue enfin le bord postérieur. Le tissu du cadre est compact comme celui de la gouttière médiane. Le reste du bouclier est formé par un tissu mince et transparent.

L'ensemble du sternum du martinet représente le cartilage primitif et les parties compactes les éléments postérieurs qui permettent de le subdiviser en un certain nombre de pièces. Le sternum du martinet n'offre d'ailleurs ni subdivisions, ni échancrures, ni fontanelles.

L'os coracoïdien est court et massif. Longueur totale 13 millimètres ; depuis le bourrelet glénoïdien jusqu'à la facette sternale, 10 millimètres ; apophyse cléidienne, 3 millimètres ; largeur en bas, 4 millimètres.

Sa longueur est donc inférieure à la moitié de celle du sternum.

Il s'articule avec le sternum par une facette concave, allongée, dont l'extrémité interne pénètre la base de l'apophyse épisternale et dont l'extrémité externe fait une saillie qui s'enfonce dans une petite cavité entre la facette sternale et le bord interne de l'apophyse hyosternale.

La face superficielle du coracoïdien est un peu concave longitudinalement, un peu convexe transversalement.

La face profonde, un peu concave dans les deux sens, présente en haut un *trou aérien* au-dessous duquel se trouve l'articulation avec l'omoplate qui se fait transversalement dans toute la largeur.

Le côté interne est concave. — Le coracoïdien est un peu tordu sur son axe longitudinal.

L'extrémité supérieure offre en arrière la *cavité glénoïde*, bordée par un *bourrelet* qui est séparé par un *col* de l'*apophyse cléidienne* dont le sommet rotiforme surmonte un *tubercule bicipital* (donnant insertion à un frein coraco-huméral) et offre en dedans un *crochet paracléidien* récurrent pour un faisceau de la *membrane sous-claviculaire*, lequel bride le muscle *sus-épineux*.

Sur la face profonde de cette apophyse on voit une surface convexe non articulaire qu'un ligament rattache à l'extrémité de la clavicule.

L'*omoplate* est une lame très étroite, coudée à l'union des 2/3 antérieurs avec le 1/3 postérieur. Son extrémité postérieure atteint l'os iliaque ; en avant elle dépasse la 1re dorsale.

Le bord inférieur, tranchant en arrière, s'épaissit en avant où l'on peut distinguer deux lèvres et un interstice remarquables par les insertions musculaires et se recourbe en bas pour se terminer par la cavité glénoïde après avoir offert derrière le bourrelet un tubercule pour la longue portion du triceps.

La face externe plate (à peine convexe), élargie en arrière de la coudure, convexe en avant, se creuse d'une gouttière sur laquelle se rabat l'acromion qu'elle sépare du bourrelet glénoïdien.

La face interne, un peu convexe en arrière, s'aplatit en avant où elle forme un triangle légèrement excavé dont la base s'applique transversalement au coracoïdien et dont les angles sont formés par les saillies acromiale et glénoïdienne,

Le bord supérieur, tranchant en arrière de la coudure, offre en avant de cette coudure une courbure concave, puis une courbure convexe et enfin une concavité qui se relève pour former l'acromion.

La ligne de l'omoplate est située un peu au-dessous du milieu de la longueur des côtes vertébrales.

La *clavicule* se termine en dehors par une extrémité en forme de massue placée derrière le sommet du coracoïdien, *dépourvue de facette articulaire* et unie seulement par des ligaments au coracoïdien et à l'omoplate.

Elle forme une tige modérément courbée qui chez le martinet s'unit à celle du côté opposé en dessinant un U dont les branches sont un peu écartées et l'*apophyse récurrente* (apophyse furculaire, hypocleidium) est très petite.

L'*humérus* du martinet a une forme tout à fait caractéristique. Il est court, massif, très large par rapport à sa longueur.

Longueur de l'épitrochlée à la tête, 1 centimètre.

Largeur, au milieu de la longueur où se trouve le crochet du tubercule supérieur de l'épicondyle, 4 millimètres; en bas, de l'épicondyle à l'épitrochlée, 5 millimètres; en haut, de la base de la tubérosité interne à la crête externe, 6 millimètres.

Fig. VI. — Humérus du martinet, face postérieure.

1. Tête. — 2. Crête externe. — 3. Tubérosité interne. — 4. Trou borgne. — 5. Tubercule supérieur de l'épicondyle. — 6. Tubercule inférieur de l'épicondyle. — 7, 8, 9. Tubercules de l'épitrochlée. — 10. Fosse olécranienne. — 11. Trochlée.

Fig. VII. — Face externe.

1. Crête externe. — 2. Crochet. — 3. Tubercule supérieur de l'épicondyle. — 4. Condyle.

Fig. VIII. — Face antérieure.

1. Tête. — 2. Crochet de la crête externe. — 3. Base de la tubérosité interne. — Tubercule supérieur de l'épicondyle. — 5. Condyle. — 6. Trochlée. — 7, 8, Tubercules de l'épitrochlée.

Fig. IX. — Face antéro-interne.

1. Tête humérale. — 2. Crochet de la tubérosité interne. — 3. Tubercule d'insertion du grand rond. — 4, 5. Tubercules supérieur et moyen de l'épitrochlée.

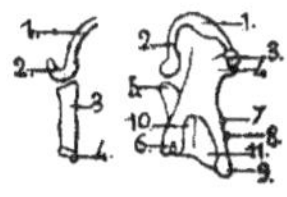

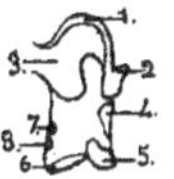

Fig. VII. Fig. VI.   Fig. IX. Fig. VIII.

La *tête de l'humérus* est comprimée, sa surface articulaire est étroite, mais très longue par rapport à la cavité glénoïde qu'elle ne touche jamais que par une très petite partie de sa surface et dans laquelle elle est à peine emboîtée.

Cette tête humérale est un *bourrelet convexe*, renversé sur la face postérieure où le col se dessine. En arrière une gouttière la sépare de la *tubérosité interne*.

Cette *tubérosité*, qui a la forme d'un *crochet*, est creusée à sa base d'un grand *trou aérien* (*trou borgne*, *foramen cæcum*) qui occupe en largeur la moitié de la face postérieure de l'humérus.

Le *crochet de la tubérosité interne* est concave en arrière, convexe en dedans. Sur la face antérieure de l'humérus, la tubérosité interne offre à sa base une large surface séparée de la crête externe par une fosse rugueuse dans laquelle s'insère une partie du grand pectoral. Une gouttière est creusée entre cette surface et la face antérieure de la diaphyse et la sépare du bord interne sur lequel se font des insertions remarquables.

Pour prendre une idée plus complète de la tubérosité interne on peut la comparer à une pyramide triangulaire.

La base est adhérente. La face postérieure est creusée par le *trou borgne* au fond duquel se trouve un orifice aérien. La face supérieure étroite donne insertion au *sous-scapulaire* et à l'*accessoire du coraco-brachial*, la face antérieure, large et légèrement convexe, est couverte par l'expansion du *frein coraco-huméral;* elle est limitée par un bord qui montre sur la lèvre du *trou borgne* un petit *tubercule* où s'insère le *grand rond*. Le sommet de la pyramide se recourbe en un *crochet* dont le sommet donne attache au *coraco-brachial*

La *tubérosité externe* ou *crête externe* de l'humérus continue la courbure de la surface articulaire de la tête. Cette courbure se termine par un *crochet arrondi* qui se porte en avant et se recourbe de bas en haut. Une gouttière le sépare du *tubercule supérieur de l'épicondyle*.

L'*épicondyle a une grande longueur*, près de la moitié de la longueur totale de l'humérus ; il se termine en haut par un *crochet* qui est son *tubercule supérieur* et auquel se fixe le *long supinateur*.

Un espace assez long (*crête épicondylienne*), qui donne insertion à l'extenseur *commun du pouce et de la première phalange du second doigt*, sépare le *tubercule supérieur* du *tubercule infé-*

rieur où se fixent le *court supinateur*, le *cubital postérieur* et *l'anconé.*

La face postérieure du *tubercule inférieur de l'épicondyle* est creusée d'une *gouttière* où glisse la *rotule* du coude contenue dans le tendon de la *longue portion du triceps.*

Le bord interne de l'humérus présente au-dessous de la tubérosité interne un espace concave formant une *ligne âpre* qui donne insertion par sa lèvre antérieure au *premier rond pronateur*, par son interstice au *faisceau accessoire du fléchisseur de la 2ᵉ phalange du second doigt*, par sa lèvre postérieure au *vaste interne.*

Il présente ensuite un tubercule (*tubercule supérieur de l'épitrochlée*), qui donne attache au *ligament blanc*, très fort ligament qui va s'insérer dans la *fosse coronoïdienne* du cubitus ; puis un second tubercule (*tubercule moyen de l'épitrochlée*), qui donne attache au *second rond pronateur*, au *petit palmaire* et au *long fléchisseur de la première phalange du second doigt ;* puis enfin le *tubercule inférieur de l'épitrochlée* creusé tout en bas de sa face postérieure d'une petite *gouttière* dans laquelle glisse, *dépourvu de sésamoïde*, le tendon du *cubital antérieur* qui se fixe immédiatement au-dessus d'elle. Sur la face externe de ce tubercule, il y a une autre *gouttière* pour le tendon du *petit palmaire.*

A la face postérieure de l'humérus, l'*épicondyle* est séparé de l'*épitrochlée* par une *fosse olécranienne* profonde dans laquelle glisse le *vaste interne*. A la face antérieure, il en est séparé par les surfaces articulaires auxquelles nous conservons les noms de *condyle* et de *trochlée*, malgré le peu de ressemblance qu'elles ont avec les surfaces homologues des mammifères.

La *trochlée* est une portion d'ellipsoïde allongée transversalement, plus étendue sur sa face antérieure que sur sa face postérieure qu'une gouttière transversale sépare de la fosse olécranienne.

La grande cavité sigmoïde du cubitus est une cupule un peu plus sphérique que la trochlée. Son bord postérieur est beaucoup plus court que l'antérieur. Sa surface regarde en avant. Elle est taillée sur la face antérieure du cubitus, une gouttière la sépare de la pointe de l'olécrane.

En dehors se trouve la *petite cavité sigmoïde* qui regarde aussi beaucoup en avant et que la tête du radius parcourt de haut en bas et de dehors en dedans pendant la fluxion, de bas en haut et de dedans en dehors pendant l'extension.

Le *condyle* est aussi une portion d'ellipsoïde, mais un peu coudée et dirigée obliquement de haut en bas et de dedans en dehors. Son extrémité interne chez le martinet ne s'étend pas beaucoup au-dessus de la trochlée.

Le *condyle du radius* dont la surface est bien moins étendue que celle du condyle huméral (1 millimètre contre 3 à 4 millimètres), et que celle de la petite cavité sigmoïde du cubitus, est une cupule peu profonde et presque circulaire, un peu elliptique avec une pointe en avant, séparée de la diaphyse par un col plus distinct du côté dorsal avec une facette latérale pour la petite cavité sigmoïde et le ligament interarticulaire[1].

Le *cubitus* est un os massif près de deux fois plus long que l'humérus. Longueur moins la pointe olécranienne 17 millimètres; largeur au milieu 3 millimètres, au coude 4 millimètres.

La face dorsale cylindroïde, portant les empreintes de 7 pennes, est continue avec la pointe de l'olécrâne.

L'extrémité proximale est en partie déjetée sur les côtés de l'olécrâne par deux expansions dont l'une interne contient la grande cavité sigmoïde, l'autre externe contient la petite cavité sigmoïde.

L'extrémité distale se termine par une *petite tête* un peu relevée et déjetée, remarquable par un bord arrondi, en dedans duquel se trouvent sur la face dorsale : 1° une *double gouttière* où passent les tendons de l'*extenseur commun* et du *cubital posté-rieur;* 2° un tubercule où se fixe le *ligament denticulé;* 3° un tubercule où se fixe le *court adducteur du métacarpe.*

L'extrémité est creusée d'une *gouttière demi-circulaire* où glisse l'*os cubital du carpe* et dont la lèvre palmaire est en contact avec l'*os radial.*

La face palmaire cylindroïde du cubitus est limitée par un bord interne tranchant qu'un intervalle sépare du radius dans le 1/3 moyen de l'espace interosseux.

Le *radius* dont nous avons déjà décrit l'extrémité proximale a un corps grêle, un peu courbé dépourvu de tubercule pour l'insertion du *biceps*, ce muscle n'existant pas chez le martinet.

---

1. *Essai*, p. 316.

Éloigné du cubitus dans sa partie moyenne, il s'en rapproche par son extrémité distale qui est un peu plus large.

Cette extrémité distale présente sur sa face dorsale une *gouttière limitée par un fort crochet* dans laquelle glisse le tendon du *long supinateur*. Il y a ensuite deux expansions l'une vers le cubitus, l'autre vers la face palmaire.

Cette extrémité est continuée par l'os radial qui lui est appliqué comme une épiphyse.

La face palmaire de l'extrémité distale est un triangle à pointe terminale offrant un bord oblique pour l'os radial et une expansion latérale pour le cubitus, laquelle s'applique à la face palmaire du cubitus et glisse en descendant dans la flexion, en remontant dans l'extension. Le bord interosseux élargi du cubitus est embrassé entre les deux expansions distales du radius.

Le cubitus a trois faces : une dorsale, une interne, une palmaire, ou plus simplement deux faces, une dorsale et une palmaire divisée en deux versants, l'un interne et l'autre interosseux.

Le cubitus n'est pas aéré.

L'*os radial du carpe* est *cunéiforme*. Il est appliqué comme une épiphyse à l'extrémité distale du radius par sa facette proximale qui est presque plane. Le plan de cette facette étant oblique par rapport à l'axe du radius, l'os radial ne continue pas directement la diaphyse, mais fait avec elle un angle qui dessine un commencement de flexion latérale et fait que l'extension de la main sur l'avant-bras n'est jamais complète.

La face palmaire de l'os radial est creusée d'une *gouttière transversale* un peu oblique où se loge le tendon du *carré pronateur*, gouttière terminée par une échancrure du bord externe.

Sa face dorsale est légèrement convexe, montrant près du bord externe une petite *gouttière* où glisse le tendon de l'*extenseur de la 2e phalange*.

La face interosseuse s'applique à la lèvre palmaire de la gouttière de la petite tête du cubitus, et, par son bord dorsal donne insertion à un fibro-cartilage qui la rattache à l'os cubital.

Sa facette distale s'applique à l'extrémité proximale rotiforme du 2e métacarpien par un emboîtement réciproque, étant concavo-convexe.

Le mouvement de roulement qui se fait dans cette articulation est accompagné d'un mouvement de torsion, l'application des deux os se faisant tantôt du côté palmaire, tantôt du côté dorsal.

L'*os cubital du carpe* est *incudiforme*. La facette cubitale, taillée sur la branche dorsale de l'enclume, est concavo-convexe et tourne avec emboîtement récipropre sur la facette distale du cubitus également concavo-convexe, limitée par un bord dorsal tranchant et un bord palmaire sur lequel glisse l'os radial.

La branche palmaire de l'enclume plus longue que la branche dorsale, porte à sa base le tubercule d'insertion du muscle *cubital antérieur*.

De son extrémité distale aplatie, coupée carrément, partent deux ligaments, l'un qui se rend sur le bord libre du 3ᵉ métacarpien, l'autre qui se termine sur la face palmaire de ce métacarpien à la base de son bord interosseux.

Les deux branches de l'enclume embrassent dans leur angle le bord interne de la base du 3ᵉ métacarpien dans la partie où il est encore confondu avec le deuxième, glissant de l'avant-bras vers la main dans la flexion, de la main vers l'avant-bras dans l'extension, par des mouvements accompagnés de torsion, les facettes métacarpiennes se prolongeant sur la face dorsale et sur la face palmaire, et le relief du troisième métacarpien se prolongeant dans la partie commune.

Deuxième métacarpien [1]. — L'extrémité proximale vue par sa face palmaire, est limitée par un bord presque droit; vue par sa face dorsale, elle offre un aspect spatuliforme, étant légèrement excavée et limitée par un bord arrondi simulant une tête.

Cette surface se continue en dehors avec l'apophyse pollicienne qui se sépare un peu au-dessous du sommet de la tête, où elle donne insertion par sa base au tendon du *carré pronateur*, se porte transversalement en dehors, et se termine par une pointe qui donne insertion par le dessus de son sommet au *long supinateur*.

Dans l'angle de l'apophyse et du métacarpe, se trouve la facette pour l'articulation de l'appendix, petite calotte sphérique reçue dans une cupule creusée dans la base de la phalange qui est mobile dans tous les sens, extension, flexion, adduction, abduction, rotation.

---

1. *Essai*, p. 321. Description générale du métacarpe.

La phalange du pouce est une tige allongée, cylindrique sur la face palmaire, légèrement excavée sur la face dorsale.

Le corps du métacarpien est massif comme le cubitus, et un peu plus long que cet os. Sa longueur est moindre que celle des deux phalanges réunies.

Il est limité en dehors par un bord cylindrique, longé dans les deux tiers de la face palmaire par la gouttière peu profonde du tendon fléchisseur de la deuxième phalange.

A la face dorsale, il est bordé en dedans sur le tiers distal, par une gouttière caractéristique, absente chez l'hirondelle, incomplète chez l'engoulevent.

Cette gouttière bien creusée, loge dans son fond le tendon de l'*extenseur* commun et par-dessus celui-ci, le tendon de la 2ᵉ phalange qui en sort par une petite gouttière oblique, échancrant le bord de la grande gouttière.

La gouttière est fermée par le ligament *denticulé* qui caractérise aussi le martinet et que nous décrirons en parlant des muscles.

En dedans de la gouttière, la face dorsale s'arrondit jusqu'au bord tranchant qui la sépare de la face palmaire.

A la base de ce bord interosseux, il y a un tubercule pour l'insertion du *cubital postérieur*.

L'extrémité distale du métacarpien est limitée par un bourrelet saillant, projetant en dehors un crochet mousse, sur lequel glisse le tendon extenseur de la 2ᵉ phalange. Le tendon de la 1ʳᵉ phalange, après s'être réfléchi, glisse aussi sur le bourrelet.

Le tubercule externe, qui termine le bourrelet, est séparé par une gouttière d'un tubercule palmaire, sur lequel s'insère un ligament métacarpophalangien et au delà duquel le 3ᵉ métacarpien vient arc-bouter sur le second, dans le point où s'articule la phalange unique du 3ᵉ doigt.

La 1ʳᵉ phalange du 2ᵉ doigt s'articule largement avec le métacarpe et peut exécuter des mouvements d'extension, de flexion et de rotation.

Cette phalange se compose d'une partie externe massive, cylindroïde et d'une partie interne foliacée, présentant sur sa face dorsale 2 alvéoles obliques dont le second s'avance plus loin en empiétant sur la 2ᵉ phalange, alvéoles qui logent la 2ᵉ et la 3ᵉ rémiges digitales.

L'alvéole de la 3ᵉ rémige est complété par la phalange unique du 3ᵉ doigt. Les deux alvéoles sont séparés par une colonne oblique.

Il y a sur la face palmaire une légère excavation.

La 2ᵉ phalange est composée d'une tige cylindrique, formant le bord externe, et d'une expansion foliacée, presque membraneuse, formant un alvéole unique pour la 1ʳᵉ rémige. Cette phalange a aussi des mouvements de flexion, d'extension et de rotation.

La face palmaire du 2ᵉ métacarpien, séparée du bord externe par une crête, est plutôt une face interosseuse; elle est plate et regarde beaucoup en dedans.

Près de la base de l'apophyse pollicienne, elle présente le tubercule (*grande apophyse palmaire*) sur lequel se réfléchit le long fléchisseur de la 2ᵉ phalange.

Le 3ᵉ *métacarpien*, courbé comme un radius, borne en dedans un large espace interosseux. Il est grêle. D'abord confondu avec le 2ᵉ dont il ne se distingue à sa base que par un relief dorsal, il s'en écarte à angle aigu, puis son extrémité distale se recourbe et dessine un arc pour aller retrouver l'extrémité du 2ᵉ métacarpien. C'est sur cet arc terminal que s'articule la phalange du 3ᵉ doigt.

Comparaison du squelette du martinet avec celui de l'hirondelle et de l'engoulevent.

Le crâne de l'hirondelle et celui de l'engoulevent diffèrent à peine de celui du martinet. La voûte et la base du crâne, les cavités orbitaires, la cloison, la masse ethmo-lacrymale, les naseaux, l'intermaxillaire, le vomer, les arcades maxillo-jugales et maxillo-palato-ptérygoïdiennes, l'os carré sont presque identiques; on y trouve même l'apophyse postérieure interne du ptérygoïdien.

La colline cérébelleuse regarde plus directement en arrière.

La mâchoire supérieure est moins aplatie chez l'hirondelle que chez le martinet; elle est plus aplatie chez l'engoulevent.

Le maxillaire inférieur de l'hirondelle est plus large verticalement, un peu moins flexible, moins bien disposé pour élargir la bouche, tandis que chez l'engoulevent la bouche peut prendre une largeur énorme par la brisure du maxillaire qui présente à sa partie moyenne une articulation dans le point qui correspond à la suture du dentaire avec le complémentaire. Cette articulation occupe la place du trou *post-dentaire* [1] qui n'existe pas chez le martinet, l'hirondelle et l'engoulevent.

Le siphonium [2] existe chez l'hirondelle et chez l'engoulevent..

La colonne vertébrale de l'hirondelle diffère de celle du martinet par la forme de l'*atlas* et de l'*axis*.

Il est vrai que le *petit arc* de l'*atlas* forme un cercle osseux complet comme chez le martinet, mais l'*hypapophyse*, au lieu d'être *bifurquée*, se termine par *un tubercule simple*.

L'*axis*, au lieu d'être vertical, est renversé en arrière et sa face antérieure regarde en haut. On ne voit pas sur ses deux faces les *petits tubercules médians* du martinet. L'apophyse épineuse présente la division habituelle en 3 tubercules [3].

L'hypapophyse, au lieu d'être *trifurquée* comme chez le martinet, se termine par un *tubercule simple*.

Il en est de même chez l'engoulevent, si ce n'est que l'hypapophyse de l'axis est *bifurquée*.

Cette hypapophyse est donc simple chez l'hirondelle, double chez l'engoulevent, triple chez le martinet.

Le reste de la colonne vertébrale n'offre pas de différences caractéristiques.

Il y a 7 côtes dans chacun de ces 3 genres. La côte sternale de la dernière n'atteint pas le sternum et s'accole à celle de la 6e.

Les côtes sternales chez l'hirondelle et chez l'engoulevent sont rassemblées en avant, elles sont plus espacées chez le martinet.

La même ressemblance existe pour les régions lombo-sacrée et caudale ainsi que pour la ceinture iliaque.

Chez l'hirondelle, le bord interne du pré-iléon fait un peu plus de saillie.

Le *fémur* de l'hirondelle et de l'engoulevent diffère à peine de celui du martinet. Il est seulement plus long et relativement plus grêle.

1. *Essai*, p. 225.
2. *Essai*, p. 223.
3. *Essai*, p. 254.

Le *tibia* de l'hirondelle se distingue de celui du martinet par la saillie des crêtes de son extrémité proximale qui sont séparées par une *fossette* assez profonde où s'insère l'*extenseur commun*.

Chez l'engoulevent la *crête interne* seule est saillante et la *crête externe* est effacée, en sorte que la *fossette de l'extenseur commun* n'est limitée que d'un seul côté.

Chez l'oiseau-mouche les *crêtes du tibia* n'ont pas de saillie.

La *crête interne de la diaphyse* qui chez le martinet élargit la face postérieure au niveau de la crête péronière n'existe pas chez l'hirondelle et l'engoulevent.

Le *péroné*, chez l'hirondelle et l'engoulevent, est relativement plus long que chez le martinet. Le stylet est plus prolongé et continué par un ligament.

La *tête du péroné* est arrondie en dehors chez l'engoulevent.

Chez l'hirondelle, elle est un peu renversée en arrière et limitée par un bord distinct.

L'*os canon*, chez l'hirondelle et l'engoulevent est plus long, plus grêle et moins large que chez le martinet. Néanmoins les gouttières sont les mêmes.

L'*empreinte tibiale*, unique dans les 3 genres, fait moins de saillie que chez le martinet. Il n'y a aussi qu'un *pertuis supérieur* très petit.

Les *crêtes du talon* chez l'hirondelle sont moins fortes que chez le martinet, mais la forme est la même. La *crête externe* a une *gouttière* pour le *long péronier* et une *surface rugueuse* pour le *court péronier*.

Chez l'engoulevent il y a aussi une gouttière pour le long péronier, mais il n'y a pas de rugosité pour le court péronier qui n'existe pas. La *crête interne* s'allonge obliquement.

Chez l'hirondelle la gaine des fléchisseurs est ossifiée.

Chez l'engoulevent toutes les surfaces articulaires métatarsiennes sont des trochlées, assez lâches pour permettre des mouvements latéraux.

Chez l'hirondelle de cheminée l'articulation du pouce se fait sur une tête arrondie qui permet des mouvements dans tous les sens. Les autres articulations sont des trochlées moins fortes que celles de l'engoulevent.

La disposition de ces articulations fournit donc au martinet un caractère qui le distingue de l'hirondelle et de l'engoulevent, tandis qu'à cet égard ces deux derniers genres se rapprochent l'un de l'autre.

Notons encore la différence qui résulte du nombre des phalanges des doigts qui est pour le martinet 2, 3, 3, 3; pour l'hirondelle 2, 3, 4, 5; pour l'engoulevent 2, 3, 4, 4.

C'est dans l'appareil du vol que le squelette de ces oiseaux nous offre les plus grandes différences malgré l'adaptation des organes à la même fonction.

Fig. X. — *Sternum de l'hirondelle, face latérale gauche.*

1. Crête. — Apophyse épisternale. — 4. Rainure coracoïdienne. — 5. Apophyse hyosternale.

Fig. XI. — *Sternum de l'hirondelle, face profonde.*

2. Apophyse épisternale. — 5. Apophyse hyosternale.

Fig. XII. — *Sternum de l'engoulevent, face latérale gauche.*

1. Crête. — 2. Apophyse épisternale. — 4. Facette coracoïdienne. — 5. Apophyse hyosternale.

Fig. XIII. — *Sternum de l'engoulevent, face profonde.*

1. Apophyse épisternale. — 2. Bourrelet. — 3. Orifice aérien.

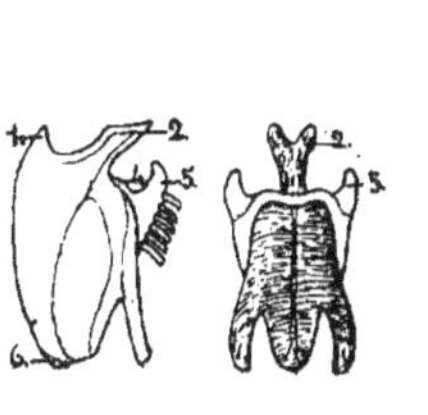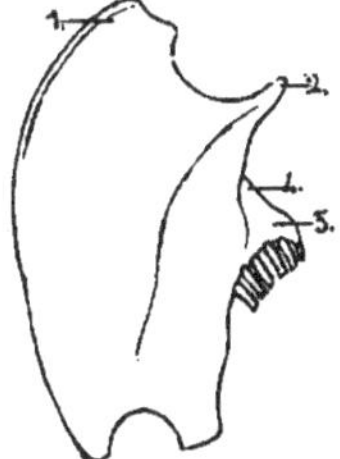

'Fig. X.   Fig. XI.   Fig. XII.   Fig. XIII.

Le sternum de l'hirondelle diffère beaucoup de celui du martinet. Le bord postérieur du bouclier est découpé par deux échancrures profondes. Les deux parties du bord latéral sont plus inclinées et font un angle plus prononcé. La partie antérieure de ce côté est plus courte et les côtes y sont plus serrées. Les apophyses hyosternales sont moins directement inclinées en haut; leur sommet, arrondi au lieu d'être aigu, se recourbe et les rend *convergentes* au lieu d'être *divergentes* comme chez l'engoulevent et le martinet.

Les *rainures coracoïdiennes* sont dans la forme ordinaire et bornées par un onglet saillant. Elles se touchent et se confondent derrière l'*apophyse épisternale* qui est bifurquée en deux grandes branches divergentes en forme de T.

La face profonde du sternum a aussi chez l'hirondelle un aspect bien différent de ce qu'on voit chez le martinet. Derrière les rainures coracoïdiennes qui se réunissent sur la ligne médiane de manière à former une gouttière continue, on voit un *bourrelet transversal* figurant un arc à concavité antérieure, à convexité postérieure, se recourbant sur les côtés, s'élargissant pour se confondre avec les apophyses hyosternales, puis se confondant avec le cadre qui entoure le bouclier. Il n'y a pas sur cette face profonde de trou aérien visible.

On peut se demander si le bourrelet transversal ne représente pas une apophyse sus-épisternale.

Le sternum de l'engoulevent se rapproche de celui du martinet par la forme de l'*apophyse épisternale* qui est un *gros tubercule non bifurqué*, mais il ressemble à celui de l'hirondelle par les *rainures coracoïdiennes* qui ont la même forme et se rejoignent derrière l'apophyse épisternale pour constituer une gouttière et par le *bourrelet* transversal qui limite cette gouttière sur la face profonde du sternum, décrit les mêmes courbes et a les mêmes rapports avec les apophyses hyosternales.

Derrière ce bourrelet, il y a un trou aérien comme chez le martinet, mais ce trou est carré et n'est pas encadré comme chez celui-ci.

Le bord postérieur du bouclier présente de chaque côté une échancrure moins profonde, plus large et plus rapprochée de la ligne médiane que chez l'hirondelle.

Le bord externe peu déjeté décrit une faible concavité et c'est tout en avant seulement qu'il s'incline en dehors pour former un bord costal court passant à une apophyse hyosternale inclinée en dehors et terminée par une pointe aiguë *divergente*.

La crête sternale s'unit au bouclier sous un angle très obtus. Chez l'oiseau-mouche (trochilus melanotis) la crête sternale est épaisse et remplie d'air, le bord présente un sillon à la place de la carène qu'on voit chez le martinet, l'apophyse épisternale et les rainures coracoïdiennes sont comme chez celui-ci.

Le *coracoïdien* [1] chez l'hirondelle et l'engoulevent est moins massif et relativement plus long que chez le martinet. Sa lon-

---

1. *Essai*, p. 302.

gueur étant égale à celle du sternum chez l'hirondelle, tandis qu'il est plus court chez l'engoulevent et chez le martinet.

L'extrémité sternale du coracoïdien chez l'hirondelle et chez l'engoulevent est taillée en biseau pour se loger dans la rainure coracoïdienne où elle touche celle du côté opposé. Le corps de l'os se rétrécit en approchant de la cavité glénoïde qui est latérale et limitée par un *bourrelet glénoïdien* qu'une gouttière sépare de l'*apophyse cléidienne* inclinée en dedans comme chez le martinet, mais plus grêle, offrant un *tubercule rugueux* pour le *biceps* immédiatement au-dessous de son sommet légèrement convexe que termine en dedans un *crochet paracléidien* dont la pointe arrondie (et non aiguë comme chez le martinet) donne attache à un ruban fibreux qui va se fixer sur l'extrémité de la branche correspondante de l'apophyse épisternale.

Chez l'engoulevent, le crochet paracléidien est moins séparé. On trouve à la face profonde de l'apophyse cléidienne une surface articulaire transversale, concave dans le sens de sa longueur pour l'articulation avec la clavicule.

Le coracoïdien de l'hirondelle et celui de l'engoulevent ne m'ont pas offert de trou aérien, tandis que j'en ai trouvé un chez le martinet.

Fig. XIV. — *Coracoïdien du trochilus melanotis.*

1. Coracoïdien. — 2. Apophyse supérieure interne. — 3. Apophyse cléidienne. — 4. Cavité glénoïde — 5. Omoplate.

Fig. XV.

1. Omoplate. — 2. Cavité glénoïde. — 3. Acromion. — 4. Coracoïdien. — 5. Apophyse supérieure interne.

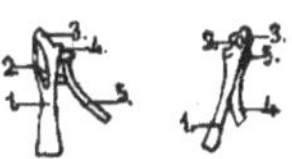

Fig. XIV. Fig. XV.

Le coracoïdien de l'oiseau-mouche se distingue par une *apophyse supérieure interne* [1], figurant un stylet grêle qui va s'unir au crochet paracléidien, en entourant un trou ovale allongé. L'apophyse cléidienne est très inclinée. La face articulaire sternale ressemble à celle du martinet.

1. *Essai*, p. 304.

L'hirondelle possède l'*os huméro-scapulaire* [2], qui manque chez le martinet et l'engoulevent.

Fɪɢ. XVI. — *Humérus de l'hirondelle, face postéro-externe.*

1. Tête humérale. — 2. Crête externe. — 3. Épicondyle. — 4. Condyle. — 5. Tubérosité interne. — 6. Trou borgne. — 7. Épitrochlée.

Fɪɢ. XVII. — *Humérus de l'hirondelle, face postéro-interne.*

1. Tête. — 2. Crête externe. — 3. Tubercule supérieur de l'épicondyle. — 4. Tubercule inférieur de l'épicondyle. — 5. Tubérosité interne. — 6. Trou borgne. — 7. Épitrochlée.

Fɪɢ. XVIII. — *Humérus de l'engoulevent, face postéro-externe.*

1. Tête. — 2. Tubercule du sus-épineux. — 3. Crête externe. — 4. Tubercule supérieur de l'épicondyle. — 5. Tubercule inférieur de l'épicondyle.

Fɪɢ. XIX. — *Humérus de l'engoulevent, face postéro-interne.*

1. Tête. — 2. Tubérosité interne. — 3. Trou borgne. — 4. Tubercule du sus-épineux. — 5. Épicondyle. — 6. Épitrochlée. — 7. Gouttière épicondylienne. — 8. Gouttière épitrochléenne.

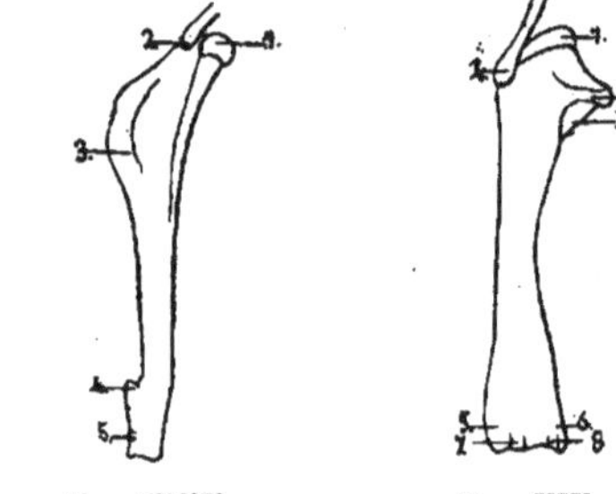

Fɪɢ. XVI.   Fɪɢ. XVII.   Fɪɢ. XVIII.   Fɪɢ. XIX.

Humérus de l'oiseau-mouche.
Fɪɢ. XX. *Face externe.* — Fɪɢ. XXI. *Face postérieure.*
Fɪɢ. XXII. *Face antérieure.*

Fɪɢ. XX, XXI, XXII.

L'humérus de l'hirondelle, comme celui de l'engoulevent, diffère beaucoup de celui du martinet. Il n'est pas comme celui-ci remarquable, suivant l'expression de Cuvier, par sa *brièveté* et la *longueur de ses apophyses.* Il est dans sa forme générale, long et étroit.

1. *Essai,* p. 395.

La tête humérale est une masse ovoïde large et courte, au lieu d'être longue et étroite, comme chez le martinet où le cartilage articulaire se prolonge sur les tubérosités.

La tubérosité interne chez l'hirondelle est détachée, très crochue, creusée en dessous d'un grand trou borgne. Son extrémité paraît bifide à cause du voisinage du tubercule du grand rond. Elle est aussi très déjetée chez l'engoulevent où le tubercule du grand rond est plus éloigné de l'extrémité du crochet.

La crête externe ressemble à un triangle rectangle dont le coté supérieur est perpendiculaire à la diaphyse, l'angle droit un peu tronqué, le côté externe court, légèrement festonné, terminé par un petit tubercule et la surface légèrement excavée limitée par une hypoténuse très oblique. L'insertion du moyen pectoral se fait sur le bord supérieur au voisinage de l'angle externe. La face antérieure de la crête présente en avant du bord externe un espace rugueux peu étendu.

. Chez l'engoulevent, le bord supérieur de la crête externe est plus oblique et fait un angle aigu. Un gros tubercule placé immédiatement au-dessous du bord supérieur donne attache au tendon du moyen pectoral.

L'épicondyle chez l'hirondelle est situé dans sa totalité au bas de l'humérus. Son *tubercule supérieur* n'est pas situé, comme chez le martinet, au milieu de la longueur de l'os; il est à peine séparé, mais il envoie une pointe saillante dirigée en dehors et en haut. Derrière le tubercule inférieur il y a une gouttière où glisse chez l'hirondelle comme chez le martinet, la rotule du long triceps et chez l'engoulevent le tendon de ce muscle dépourvu de rotule.

La trochlée a ses éléments moins dissociés que chez le martinet, mais on y distingue très bien un tubercule supérieur, un moyen et un inférieur. Le tubercule supérieur donne attache, comme chez le martinet, à un *ligament blanc* très fort. Il y a sur la face antérieure de l'humérus, au-dessus de la trochlée, une fossette pour le brachial antérieur, fossette moins profonde chez l'hirondelle que chez l'engoulevent.

L'humérus de l'*oiseau-mouche* ressemble à celui du martinet, par sa largeur et sa brièveté, par la situation du tubercule supérieur de l'épicondyle au milieu de sa longueur, par la saillie des tubérosités. Il en diffère par la forme de la tête et par celle des tubérosités. La crête externe se termine par une pointe et non par un crochet arrondi. La rotule du coude est bien développée.

Le cubitus de l'oiseau-mouche est court et massif comme celui du martinet. Le radius est plus grêle. Chez l'engoulevent les deux os sont longs et massifs. Chez l'hirondelle, ils sont courts, mais moins massifs.

Chez l'engoulevent, l'hirondelle et l'oiseau-mouche, l'olé-crâne présente une saillie conique qui se détache de la masse, comme chez le martinet, et qui reçoit les fibres du vaste interne.

La *rotule radio-carpienne*, absente chez le martinet, est petite chez l'hirondelle, forte chez l'engoulevent.

Les os du carpe de l'hirondelle et de l'engoulevent diffèrent très peu de ceux du martinet.

Chez l'engoulevent l'os cubital est rattaché à l'os radial par un fibro-cartilage très fort et aussi à la face dorsale du métacarpe par un fort ligament. Sa branche dorsale se loge dans une gorge profonde qui continue la surface articulaire de la tête métacarpienne.

Le métacarpe chez l'hirondelle est plus court que le cubitus; il est aussi plus court que le second doigt dont la longueur égale presque celle du cubitus.

Chez l'engoulevent le métacarpe est à peine plus court que le second doigt, qui lui-même est beaucoup plus court que le cubitus.

L'ensemble de la main est un peu plus long que l'avant-bras chez l'engoulevent, beaucoup plus long chez l'hirondelle.

L'espace interosseux du métacarpe est plus étroit chez l'hirondelle.

La face dorsale du second métacarpien n'offre pas, chez l'hirondelle, de gouttière pour les extenseurs. Il y a chez l'engou-levent une gouttière peu profonde qui ne loge que l'extenseur commun.

Les phalanges de l'hirondelle n'offrent pas une partie foliacée comme chez le martinet.

Chez l'engoulevent les alvéoles de la première phalange sont réduits à leur cadre osseux, le fond n'est pas ossifié et n'est rempli que par une membrane.

La deuxième phalange est réduite à la tige un peu falciforme qui constitue son côté radial et la première rémige n'est main-tenue que par du tissu fibreux.

En résumé l'examen du squelette, s'accordant avec celui

des caractères extérieurs, nous montre qu'il y a dans l'ordre des passereaux un groupe des fissirostres bien caractérisé par les os du crâne, mais composé de plusieurs types séparés que représentent les genres Cypselus, Caprimulgus et Hirundo.

Nous y voyons aussi que les ressemblances signalées entre le martinet et l'oiseau-mouche, malgré l'intérêt qu'elles présentent ne font point partie d'un ensemble de caractères suffisant pour autoriser leur réunion dans un groupe à part.

CHAPITRE III

MYOLOGIE

SECTION I

Muscles de la colonne vertébrale.

Les *muscles de la colonne vertébrale* étant conformés d'après le type général, nous n'en ferons pas ici la description détaillée. Il nous suffit de renvoyer à celle que nous avons donnée dans l'*Essai sur l'appareil locomoteur des oiseaux*[1].

Le *long postérieur du cou* s'étend chez le martinet, l'hirondelle et l'engoulevent jusqu'à la quatrième apophyse épineuse dorsale.

Le *long antérieur du cou*[2] se prolonge à l'intérieur de la cavité thoracique où il s'insère sur les sommets des hypapophyses des 7 vertèbres dorsales.

Les muscles de la queue réalisent aussi le type général[3]. Il y a des muscles *courts interépineux, intertransversaires, épineux-transversaires,* et *sous-transversaires*.

Les *épineux-transversaires* vont d'arrière en avant de l'apophyse épineuse d'une vertèbre à l'apophyse transverse de la vertèbre qui est en avant.

La *face dorsale du sacrum ne donne attache à aucun des muscles de la queue.* La dernière sacrée seule donne insertion au sacro-coccygien supérieur qui envoie des faisceaux sur les apophyses épineuses des vertèbres caudales.

1. P. 373.
2. *Essai*, p, 380.
3. *Essai*, p. 382.

Le *sacro-coccygien inférieur* est composé de faisceaux qui vont d'une hypapophyse à l'apophyse transverse de la vertèbre située en avant.

L'*iléo-coccygien* inséré sur le bord postérieur du post-iléon envoie des faisceaux sur les apophyses transverses et sur les rectrices.

L'*ischio-coccygien* va du bord postérieur du pubis à l'os en charrue et aux rectrices.

Le *pubio-coccygien* va du bord postérieur du pubis aux rectrices latérales. Il étale la queue.

Le *transverso-cutané* va des apophyses transverses aux rectrices.

Enfin le *fémoro-coccygien* qui s'insère sur la face inférieure ou ventrale de l'os en charrue, abaisse la queue et l'incline sur le côté.

Les pennes caudales sont placées de chaque côté de l'os en charrue, mais elles n'y sont pas fixées; cet os ne présente pas d'alvéoles pour les loger; elles ne sont maintenues que par le ligament transverse et par la masse du tissu conjonctif qui remplit les intervalles des faisceaux musculaires.

SECTION II

Muscles du membre thoracique.

Le *grand dentelé* [1] se compose, chez le martinet, de deux faisceaux distincts insérés sur le bord axillaire de l'omoplate.

Le *faisceau postérieur* ou *grand dentelé postérieur*, s'attache à la moitié postérieure du bord axillaire. Les 2/3 postérieurs de cette insertion se font par des fibres charnues et le 1/3 antérieur par une aponévrose. Les digitations, au nombre de 4, s'insèrent sur le bord antérieur et la face externe des 3e, 4e et 5e côtes vertébrales, immédiatement au-dessous de leur *appendice* ou *apophyse récurrente* et au même niveau sur la 6e côte, qui est dépourvue d'appendice. La direction générale des fibres est oblique de haut en bas et d'avant en arrière.

---

1. *Essai*, p. 390.

Face dorsale.

Fɪɢ. XXIII. *Martinet.* — Fɪɢ. XXIV. *Hirondelle.* — Fɪɢ. XXV. *Engoulevent.*

1. Tenseur marginal. — 1 *a.* Son faisceau cutané. — 2. Tenseur moyen. — 3. Long supinateur. — 4. Sous-épineux.— 5. Deltoïde postérieur. — 6. Long triceps. — 7. Vaste interne. — 8. Grand dorsal. — 8 *a.* Son faisceau trapézoïde. — 9. Court supinateur. — 10. Extenseur commun. — 11. Cubital postérieur. — 11 *a.* Anconé. — 12. Extenseur de la deuxième phalange. — 13. Court adducteur du métacarpe. — 14. Adducteur du troisième doigt. — 15. Abducteur du deuxième doigt. — 16. Adducteur transverse. — 17, 18. Intcrosseux. — 19. Tendon du carré pronateur. — 19 *a.* Long extenseur de la deuxième phalange.— 20. Penne. — 21. Nerf radial. — S. Sésamoïdes ou petites rotules.— R, radius. — C, cubitus. — O R, os radial. — O C, os cubital.

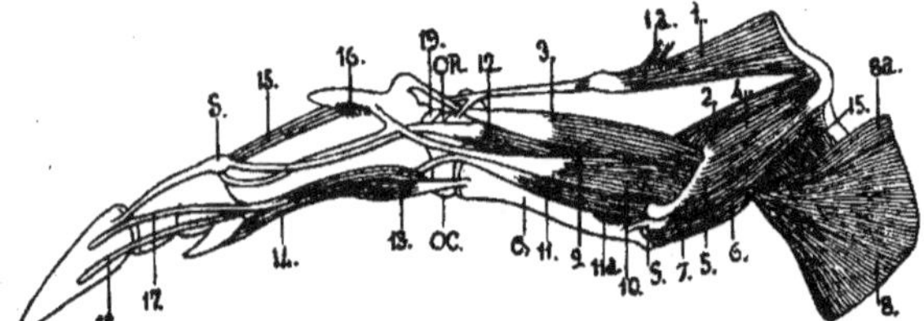

Fɪɢ. XXIII.

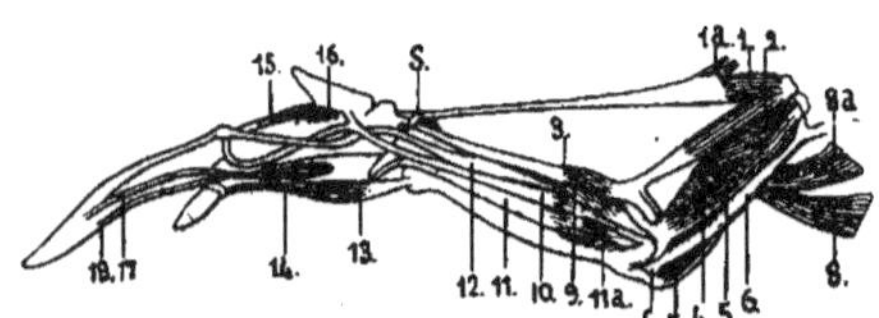

Fɪɢ. XXIV.

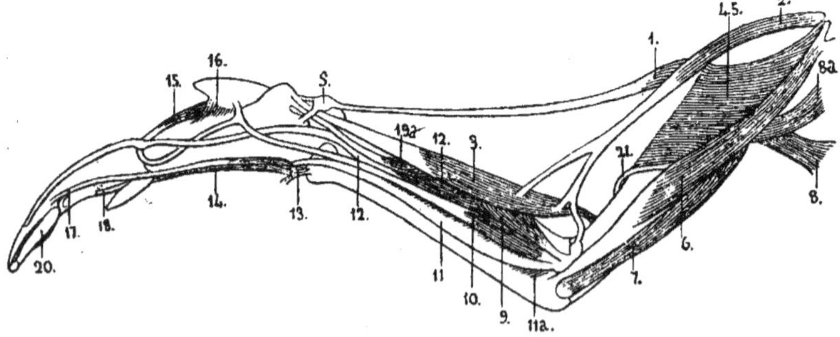

Fɪɢ. XXV.

Face palmaire.

Fig. XXVI. *Martinet.* — Fig. XXVII. *Hirondelle.* — Fig. XXVIII. *Engoulevent.*

1, 1 *a*, 1 *b*, 1 *c*. Faisceau du grand pectoral. — 1 *d*. Muscle des parures. — 2. Tenseur marginal. — 2 *a*. Faisceau cutané. — 3. Tenseur moyen. — 4. Long supinateur. — 5. Premier rond pronateur. — 6. Second rond pronateur. — 7. Carré pronateur. — 7 *a*. Son origine cubitale. — 8. Long fléchisseur de la deuxième phalange du second doigt. — 8 *a*. Son faisceau accessoire. — 9. Petit palmaire. — 9 *a*. Fléchisseur de la première phalange du second doigt. — 10. Cubital antérieur. — 11. Rotateur des rémiges. — 12. Adducteur du troisième doigt. — 13. Abducteur du second doigt. — 14. Adducteur transverse. — 15. Abducteur du pouce. — 16. Vaste interne. — 17, 17 *a*, 18. Ligaments. — 19. Biceps. — 19 *a*. Expansion pour le tenseur marginal. — 20. Brachial antérieur. — 21. Extenseur de la deuxième phalange du second doigt. — 22. Ligament. — 23. Penne digital.

R. Radius. OC. Os cubital du carpe. — S. Sésamoïde ou rotule radio-carpienne. — H. Humérus.

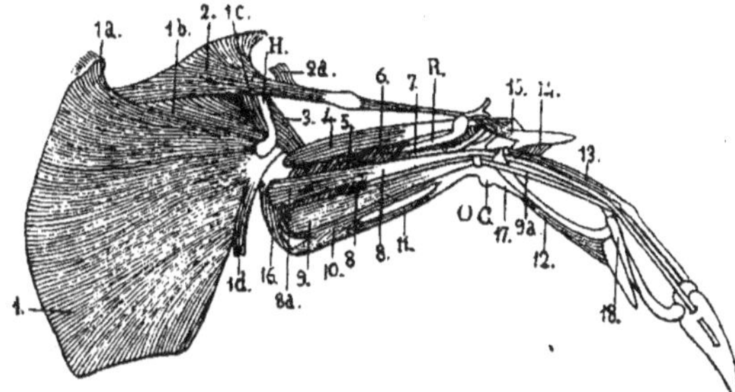

Fig. XXVI.

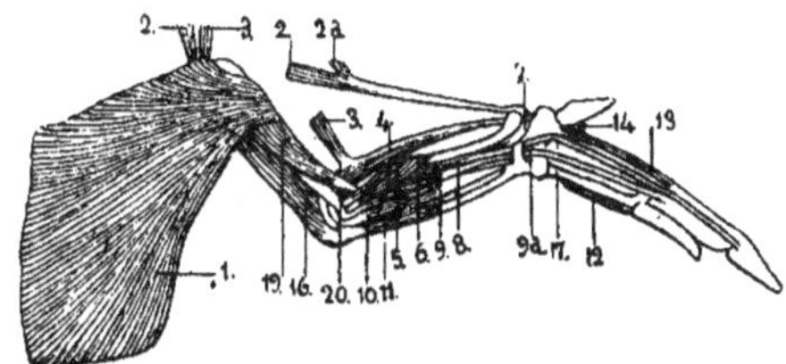

Fig. XXVII.

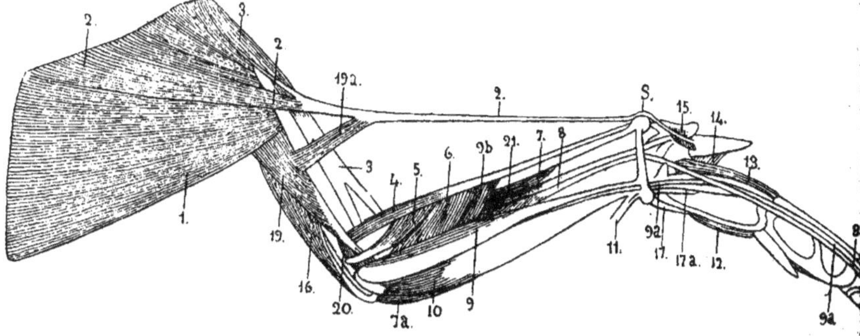

Fig. XXVIII.

Le *faisceau antérieur* ou *grand dentelé antérieur* s'attache au 1/3 moyen du bord axillaire, entre les deux faisceaux du sous-scapulaire; sa partie postérieure est recouverte par le grand dentelé postérieur. La direction générale de ses fibres est de haut en bas et d'arrière en avant. Les digitations, au nombre de 3, s'insèrent sur le bord antérieur et la face externe des 1re, 2e et 3e côtes vertébrales, immédiatement au-dessus de leur appendice.

Les deux faisceaux du grand dentelé n'appartiennent pas au même plan et l'antérieur est le plus profond.

Nous trouvons, en outre, chez le martinet, un *troisième faisceau charnu costo-scapulaire* qui recouvre le grand dentelé antérieur et qui est dirigé de haut en bas et d'avant en arrière commé le grand dentelé postérieur. Il s'attache au 1/3 antérieur de l'omoplate par une extrémité aponévrotique et se divise en 2 digitations, dont l'une s'insère sur le bord antérieur et la face externe de la 1re côte vertébrale près de son articulation avec la côte sternale, l'autre sur le bord antérieur et la face externe de la 2e côte au-dessus de l'appendice.

L'insertion scapulaire du muscle se fait en avant du *grand rond*, sous la partie antérieure du faisceau externe du sous-scapulaire.

Pour mieux distinguer ce muscle, je lui donne le nom de *prédentelé*.

Le *prédentelé* n'existe pas chez l'hirondelle, mais on le rencontre chez l'engoulevent.

Chez l'hirondelle, on trouve les deux faisceaux du grand dentelé. Les digitations postérieures du *grand dentelé postérieur* s'attachent à l'angle postérieur de l'omoplate et recouvrent un peu la face externe; elles sont dirigées comme chez le martinet. Les 2 digitations antérieures sont dirigées en sens inverse, en sorte que l'ensemble du faisceau s'étale en éventail. L'insertion scapulaire de ces 2 digitations se fait par une aponévrose en arrière de la coudure du bord spinal.

Le *grand dentelé antérieur* de l'hirondelle, attaché au 1/3 moyen de l'interstice du bord axillaire de l'omoplate, envoie des digitations sur les 3 premières côtes vertébrales.

Chez l'engoulevent, le grand dentelé postérieur s'attache à toute la partie du bord axillaire qui est en arrière de la coudure; il n'y a pas de *grand dentelé antérieur*, mais il y a un *préden-*

telé très fort, attaché à l'omoplate par une lame aponévrotique.

En résumé, il y a chez le martinet un *grand dentelé antérieur*, un *grand dentelé postérieur* et un *prédentelé;* chez l'hirondelle, un *grand dentelé antérieur*, un *grand dentelé postérieur*, mais pas de *prédentelé;* chez l'engoulevent, un *grand dentelé posté-rieur*, un *prédentelé*, mais pas de *grand dentelé antérieur.*

Ces dispositions établissent entre ces types ornithologiques des caractères différenciels incontestables.

L'angulaire est, chez le martinet, un faisceau charnu étroit, mais épais, qui s'attache au bord spinal de l'omoplate, immé-diatement en avant de sa coudure, se dirige en avant et en dehors et se divise en 2 digitations, qui vont se fixer aux apophyses transverses de la 1re dorsale et de la dernière cervi-cale (*prédorsale*). Il n'y a pas d'insertion sur les côtes de la région dorsale, ce qui distingue le martinet des rapaces. Il en est de même chez l'hirondelle.

Chez l'engoulevent, il y a deux faisceaux épais qui s'attachent au bord spinal, le postérieur un peu plus en dedans, immédia-tement en avant de la coudure et qui vont s'insérer sur le bord postérieur de la 2e et de la 3e côtes dorsales. Il n'y a rien pour la 1re dorsale et pour les vertèbres cervicales. *Ce caractère, qui rapproche l'engoulevent des rapaces, le distingue de l'hirondelle et du martinet.*

Le *rhomboïde* est, chez le martinet, une lame charnue qui s'attache aux apophyses épineuses des 2e, 3e, 4e et 5e vertèbres dorsales, par des fibres qui se dirigent d'avant en arrière et de dedans en dehors, pour aller se fixer au bord spinal de l'omo-plate, en arrière et en avant de la coudure, de manière à occuper le 1/3 moyen de ce bord.

Chez l'hirondelle, il s'attache aux 5 dernières dorsales et aux 3/4 postérieurs du bord spinal. Il en est de même chez l'engoule-vent où son attache aux 3 vertèbres antérieures est aponévro-tique.

Chez le martinet, la partie antérieure du *rhomboïde* est recou-verte par le *trapèze*, lame charnue qui s'attache aux apophyses épineuses des 5 premières dorsales et de la dernière cervicale et qui, se dirigeant d'arrière en avant et de dedans en dehors, va se fixer au bord spinal de l'omoplate, en avant de sa coudure, à l'acromion et à l'extrémité externe de la clavicule, les fibres postérieures étant presque transversales et les antérieures très

obliques en avant. Cette obliquité des fibres antérieures du trapèze est en rapport avec ce que nous pouvons appeler l'*engon-
cement du cou*, l'articulation scapulo-humérale se trouvant dans
l'expiration au niveau de la 6e vertèbre cervicale.

Il en est de même chez l'hirondelle. Chez l'engoulevent le trapèze s'attache à tout le bord spinal de l'omoplate.

Le *cléido-mastoïdien*[1] reste confondu avec le peaucier du
cou. On peut lui rapporter le faisceau du peaucier qui s'unit au
tenseur marginal de la membrane antérieure de l'aile.

Le *cléido-trachéen* ou *ypsilo-trachéen* est un ruban charnu
qui se fixe à la clavicule un peu en dehors de l'angle de la four-
chette, se dirige en avant et un peu en dehors, va se placer au
côté externe de la trachée et se termine au-dessus du larynx
inférieur sur une intersection fibreuse qui reçoit aussi un faisceau interne du peaucier du cou.

Cette *intersection* ou ce *raphé* donne insertion en arrière au
muscle trachéal et en avant au *trachéo-hyoïdien* qui, ainsi que les
muscles de l'hyoïde et de la langue, est conforme au type général
des oiseaux.

La même intersection reçoit le *sterno-trachéal* qui vient de la
face profonde du sternum près de l'angle antérieur externe.

Le *sterno-coracoïdien* existe chez l'hirondelle où ses fibres,
dirigées obliquement d'arrière en avant et de dehors en dedans,
s'insèrent sur l'apophyse hyosternale et sur le 1/4 inférieur du
bord externe de l'os coracoïdien.

Le *coraco-brachial* chez le martinet est étroit et épais. Son
insertion sternale se fait obliquement au bord du bouclier le
long des articulations costales, puis sur la face superficielle de
l'apophyse antérieure externe ou hyosternale. Il se porte très
obliquement en dehors en faisant un angle de 45 degrés avec le
coracoïdien et se termine par un tendon qui va se fixer au
sommet du crochet que dessine la tubérosité interne de l'humérus.

Il est accompagné d'un *accessoire coracoïdien* très fort qui
s'attache à l'apophyse sus-épisternale, à la face profonde de la
membrane sterno-cléido-coracoïdienne (plus brièvement *sous-
claviculaire*) et aux 2/3 moyens de la face profonde du coracoïdien et qui se porte obliquement vers la tubérosité interne de

1. *Essai*, p. 392.

l'humérus pour se terminer sur la face supérieure du crochet de cette tubérosité immédiatement en dedans du coraco-brachial.

Muscles pectoraux, couche profonde.

Fig. XXIX. *Martinet.* — Fig. XXX. *Hirondelle.* — Fig. XXXI. *Engoulevent.*

1. Moyen pectoral ou sus-épineux. — 2. Coraco-brachial. — 2 *a.* Accessoire du coraco-brachial. — 3. Biceps. — 3 *a.* Frein coraco-huméral. — **3** *c.* Frein charnu. — 3 *b.* Frein huméral. — 4. Grand pectoral. — C. Clavicule.

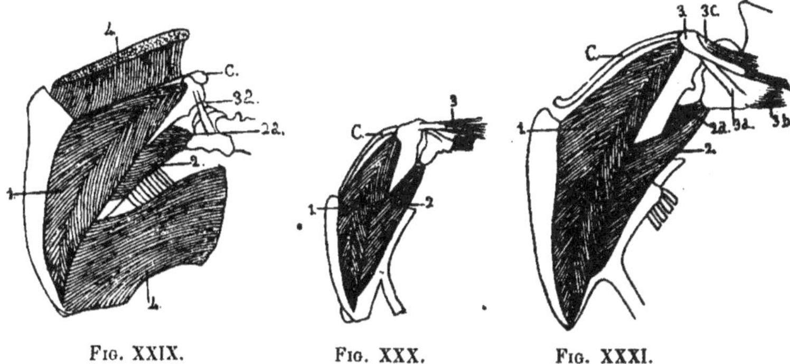

FIG. XXIX.   FIG. XXX.   FIG. XXXI.

Le *coraco-brachial* de l'hirondelle diffère beaucoup de celui du martinet. Il est très fort et figure un triangle qui s'étend très loin sur le bouclier sternal où il se termine par sa pointe sur la moitié antérieure de la branche interne de l'échancrure; il s'insère en outre sur la surface du moyen pectoral, sur la partie du bouclier qui est en dehors de la ligne intermusculaire, sur les articulations sterno-costales, sur le 1/3 externe du bouclier, puis sur l'os coracoïdien dans le 1/4 postérieur de la face superficielle et du bord externe et enfin sur le 1/3 moyen de la face profonde au-dessus du sterno-coracoïdien.

Les fibres charnues se rassemblent sur un fort tendon qui apparaît sur la face profonde, glisse sur la face superficielle de l'os coracoïdien et va se fixer sur le sommet de la tubérosité interne de l'humérus.

Les fibres qui viennent de la face profonde du coracoïdien peuvent être regardées comme représentant l'*accessoire* qui ne se montre pas chez l'hirondelle à l'état de muscle séparé.

Le *coraco-brachial* de l'hirondelle diffère aussi de celui de l'engoulevent qui est très fort, mais qui s'étend moins loin sur la surface du bouclier sternal. De même que chez le martinet,

il s'attache à l'apophyse hyosternale et à la surface du coracoïdien. Il se porte obliquement vers l'épaule et se contourne
pour se fixer par un court tendon au sommet de la tubérosité
interne.

Il est accompagné d'un *accessoire coracoïdien* presque tout
charnu qui s'attache à la moitié supérieure de la face profonde
du coracoïdien et s'insère par des fibres charnues et un petit
tendon externe à la tubérosité interne au-dessus du coraco-
brachial sur une surface elliptique assez large.

L'hirondelle diffère donc du martinet et de l'engoulevent par
la forme et l'étendue du *coraco-brachial* et par l'absence d'un
accessoire coracoïdien distinct.

Le *sous-scapulaire* du martinet est formé de deux lames charnues. La *lame externe*, ou muscle *petit rond*[1], s'attache à la
lèvre externe du bord axillaire de l'omoplate en dehors du grand
dentelé antérieur et en avant du grand rond ; la *lame interne*
s'attache dans la même étendue en dedans du grand dentelé
antérieur à la lèvre interne du bord axillaire et un peu sur la
face interne. Les deux faisceaux s'unissent en une masse commune qui s'insère sur la face supérieure de la tubérosité interne
au-dessus du trou borgne, en dedans et en arrière de l'accessoire
du coraco-brachial.

Il n'existe pas chez le martinet d'*accessoire du sous-scapulaire.*
Il en est de même chez l'hirondelle où le faisceau interne est
formé par un ruban étroit.

L'engoulevent au contraire possède un *accessoire du sous-
scapulaire*, ce qui le distingue à la fois de l'hirondelle et du
martinet.

Cet accessoire qui rappelle celui de la crécerelle[2], est un
ruban long et grêle qui s'insère sur l'omoplate près du faisceau
interne du sous-scapulaire et va se fixer à la face postérieure de
l'humérus contre la lèvre du trou borgne.

Le *grand rond* est un long triangle charnu qui s'attache aux
2/3 postérieurs de la face externe de l'omoplate et se termine par un tendon qui s'attache à un petit tubercule situé
au-dessous de l'insertion du coraco-brachial sur la lèvre du trou
borgne vers la racine de cette lèvre

Chez l'hirondelle, le *grand rond* occupe seulement la 1/2

1. *Essai*, p. 394.
2. *Essai*, pl. 2, fig. 10, 4.

postérieure de la face externe de l'omoplate. Il reste charnu à sa face profonde ; le tendon qui se montre à la face superficielle va se fixer au bord du trou borgne.

Chez l'engoulevent, le *grand rond* s'attache à la partie de la face postérieure de l'omoplate située en arrière de la coudure. Sa largeur est beaucoup plus grande que celle de l'os dont il dépasse beaucoup le bord inférieur. Il se termine par une extrémité *charnue* qui se fixe à l'humérus sur la lèvre du trou borgne où il pénètre un peu. Il y a sur ce bord un petit tubercule pour la partie fibreuse de l'insertion, le reste se faisant par des fibres charnues.

Le *coraco-brachial* et son *accessoire*, le *sous-scapulaire* et le *grand rond* sont les muscles rotateurs de l'humérus. Le coraco-brachial et son accessoire qui le font tourner d'arrière en avant sont les antagonistes du sous-scapulaire et du grand rond qui le font tourner d'avant en arrière.

Le *sus-épineux* (*moyen pectoral* de Vicq d'Azyr) [1] est formé chez le martinet par un grand triangle charnu très épais inséré, au-dessus de la ligne intermusculaire, aux 2/3 supérieurs de la crête sternale dont le 1/3 inférieur est occupé par le grand pectoral. Le sommet du triangle atteint ainsi le méplat. La ligne intermusculaire du bouclier limite en dehors les insertions du muscle qui s'attache en outre à la base de l'os coracoïdien, à la 1/2 supérieure du bord antérieur de la crête sternale, c'est-à-dire sur le manche de la hache, sur la membrane sterno-cléido-coracoïdienne (sous-claviculaire) et sur l'apophyse épisternale

On voit à la surface du muscle une ligne tendineuse qui le sépare en deux parties presque égales (la partie interne l'emportant cependant en largeur sur la partie externe) et sur laquelle les fibres charnues convergent en affectant une disposition penniforme.

L'épaisseur du manche tient surtout à la hauteur de son insertion sur la crête sternale. La partie du bouclier qu'il recouvre est étroite.

Le muscle se termine par un tendon très fort, mais d'une largeur médiocre, qui contourne la face profonde du coracoïdien et traverse en se réfléchissant le *trou sus-glénoïdien*. Avant de s'engager derrière l'os coracoïdien, le muscle est bridé

---

1. *Essai*, p. 396.

par un faisceau superficiel de la membrane sous-claviculaire.

En sortant du trou sus-glénoïdien, le tendon glisse sur la tête de l'humérus, bridé par deux *ligaments transversaux* arrondis, courts mais très forts, qu'au premier abord on pourrait prendre pour lui, mais dont on reconnaît la nature en achevant la dissection; il est aussi bridé par la petite tête *coraco-glénoïdienne* du *sous-épineux*. Après avoir franchi la tête de l'humérus, il va se terminer sur la tubérosité externe d'une manière caractéristique très différente de ce qu'on voit chez l'hirondelle et qui mérite une description spéciale.

En effet, il se prolonge dans la *gouttière dorsale* creusée sur la tubérosité en arrière du *bourrelet* qui forme son bord libre et se fixe à un *tubercule* de ce *bourrelet* situé en arrière du point où commence son *crochet*.

Ce tendon est donc beaucoup plus long et son point d'insertion beaucoup plus éloigné de l'articulation de la tête humérale, ce qui augmente sa puissance comme releveur de l'aile.

Le sus-épineux du martinet n'a pas *d'accessoire coracoïdien* et il en est de même chez l'hirondelle.

Chez l'engoulevent, le *sus-épineux* se termine par un gros tendon qui, se portant obliquement en dehors et en bas, va s'insérer sur un gros tubercule de la face postéro-externe de la tubérosité externe de l'humérus, disposition qui forme comme un passage à celle réalisée chez le martinet. Il y a cette différence que chez l'engoulevent le tubercule du sus-épineux est situé à la pointe de la surface articulaire de la tête humérale.

L'engoulevent possède un *accessoire coracoïdien* du sus-épineux caractère qui le distingue à la fois de l'hirondelle et du martinet. C'est un petit ruban charnu qui se fixe au coracoïdien au-dessus du bourrelet glénoïdien et se rend en longeant le tendon du sus-épineux sur la lèvre postérieure de la crête pectorale. Près du bourrelet glénoïdien, il s'unit à la tête coracoïdienne du *sous-épineux*.

Le *sus-épineux* chez l'hirondelle est bordé en dehors par le coraco-brachial; il reçoit un petit faisceau du bord interne du coracoïdien; on doit remarquer ses insertions sur la membrane sous-claviculaire et sur la branche de l'apophyse épisternale en forme de T.

Son tendon terminal, après avoir traversé le trou sus-glénoïdien, passe sous une bride fibreuse, devient *transversal* et va se fixer sur le *bord supérieur* de la tubérosité externe un peu en arrière de sa pointe.

La bride fibreuse qui le retient est le ligament qui rattache l'*os huméro-scapulaire*[1] à la base de l'apophyse cléïdienne de l'os coracoïdien.

La forme caractéristique du sus-épineux de l'hirondelle coïncidant avec celle du coraco-brachial, la distingue du martinet.

Elle se distingue de l'engoulevent, par l'absence de l'accessoire coracoïdien.

Fig. XXXII. — *Martinet.*

1. Tendon du sus-épineux. — C. clavicule.

Fig. XXXIII. — *Hirondelle.*

1. Tendon du sus-épineux. — 2. Bride coracoïdienne. — S. Os huméro-scapulaire d'où rayonne le sous-épineux.

Fig. XXXIV.

1. Tendon du sus-épineux. — 2. Sous-épineux confondu avec le deltoïde postérieur. — 3. Deltoïde postérieur. — 4. Accessoire du sus-épineux.

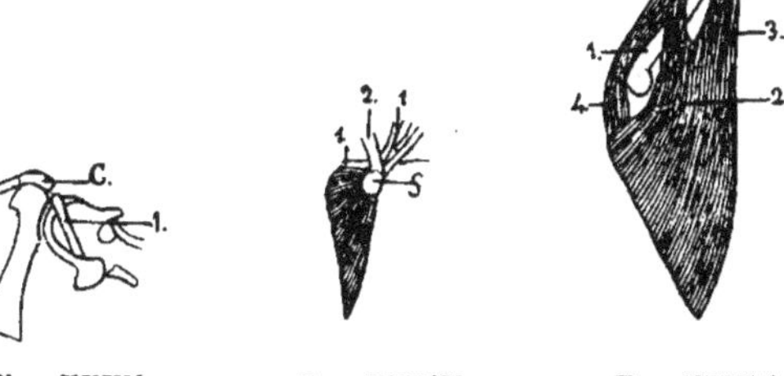

Fig. XXXII.   Fig. XXXIII.   Fig. XXXIV.

Le *sous-épineux* du martinet est faible et ne contient pas d'os *huméro-scapulaire*. Son extrémité proximale, confondue avec celle du *deltoïde postérieur*, s'insère sur l'extrémité externe de la clavicule, sur le bord externe et la face externe de l'acromion et sur le bourrelet glénoïdien scapulaire; elle est aussi rattachée au bourrelet glénoïdien coracoïdal par une petite tête charnue qui bride le sus-épineux à sa sortie du trou sus-glénoïdien. Les fibres du muscle se dirigent obliquement vers la crête pectorale de l'humérus en recouvrant le tendon du sus-épineux et se terminent sur le bourrelet osseux qui limite cette crête[2].

1. *Essai*, p. 393.
2. *Essai*, p. 394.

Le *deltoïde postérieur*, confondu avec le sous-épineux dans sa partie proximale, est un triangle charnu dont les fibres se portent obliquement sur la face postérieure de l'humérus en arrière du tendon du sus-épineux et dont la pointe va se fixer au tubercule supérieur de l'épicondyle immédiatement au-dessous de la gouttière où passe le nerf radial.

Cette insertion sur l'épicondyle de la pointe du deltoïde postérieur rattache le martinet au type général des passereaux [1].

Il résulte cependant de la situation du tubercule supérieur de l'épicondyle que la longueur du deltoïde postérieur n'est ici que la moitié de celle de l'humérus.

Chez l'engoulevent le *sous-épineux* est confondu avec le *deltoïde postérieur* qui s'attache à l'extrémité externe de la clavicule et forme un faisceau triangulaire qui s'insère sur la moitié supérieure de la face postéro-externe de l'humérus après avoir reçu deux petits faisceaux qui représentent le *sous-épineux*. L'un de ces faisceaux s'attache au coracoïdien au-dessus du bourrelet glénoïdien et bride le sus-épineux, l'autre s'attache à l'omoplate en arrière du bourrelet glénoïdien. Le premier confond son origine avec celle de l'accessoire coracoïdien du sus-épineux.

Il n'y a pas d'os huméro-scapulaire.

Contrairement au type des passereaux le deltoïde-postérieur de l'engoulevent ne s'étend pas jusqu'à l'épicondyle.

Chez l'hirondelle le *sous-épineux* est un grand faisceau triangulaire dont l'angle postérieur contient l'os *huméro-scapulaire* que ses ligaments rattachent à l'omoplate et au coracoïdien, le ligament coracoïdien formant une bride au tendon du *sus-épineux*, et le ligament scapulaire formant l'insertion scapulaire du *sous-épineux*.

Les fibres du muscle partant de l'*os huméro-scapulaire* se dirigent d'abord transversalement vers la tubérosité externe et la crête pectorale de l'humérus, puis de plus en plus obliquement, pour se fixer le long du bord externe jusqu'au 1/3 distal de l'humérus en couvrant la face postéro-externe de la crête pectorale.

Derrière le muscle est un faisceau charnu qui s'attache à l'omoplate et qui va couvrir toute la face externe de la diaphyse humérale.

Enfin derrière ce dernier faisceau se trouve le *deltoïde posté-*

1. *Essai*, p. 396.

rieur, faisceau charnu qui s'attache à l'extrémité externe de la clavicule et à l'acromion, se réfléchit derrière l'acromion sur une facette munie d'une synoviale et descend jusque sur le tubercule supérieur de l'épicondyle situé très bas chez l'hirondelle mais faisant une forte saillie en dehors.

Il envoie quelques fibres sur la rotule du coude.

Au-dessous de l'omoplate il reçoit un petit faisceau qui se détache de cet os avec le faisceau postérieur du sous-épineux.

L'hirondelle est donc caractérisée et en même temps distinguée de l'engoulevent et du martinet par le grand développement de la partie du système deltoïdien constituée par le deltoïde postérieur et le sous-épineux.

Le *grand dorsal*, chez le martinet, est formé presque tout entier par le faisceau postérieur qui s'attache aux apophyses épineuses des 6 premières dorsales, puis, au moyen d'une aponévrose, à l'angle de la crête iliaque, à la 6ᵉ et à la 7ᵉ côtes. Ces dernières insertions sont recouvertes par le muscle couturier.

Il se termine en avant par une lame mince et étroite, bordée en bas par un cordon tendineux qui passe entre le vaste interne placé en dedans et la *longue portion du triceps* placée en dehors, et va se fixer sur le 1/3 moyen de la face postéro-externe de l'humérus en se glissant sous le deltoïde postérieur.

Le *faisceau trapézoïde*[1] est réduit à un ruban étroit qui s'insère sur la pointe antérieure de l'apophyse épineuse de la première dorsale, s'applique au bord antérieur du faisceau précédent, puis à sa surface pour se terminer avec lui sur la face postérieure de l'humérus. La gracilité du faisceau trapézoïde semble être un caractère propre au martinet.

Le *tenseur de la membrane axillaire* n'existe point à l'état charnu, il semble être représenté par une membrane qui se perd sur les dernières côtes et se continue dans l'aponévrose jambière.

Chez l'hirondelle, il y a un *faisceau trapézoïde* formant un triangle charnu attaché aux apophyses épineuses des 3 premières dorsales et un *grand dorsal proprement dit* attaché aux apophyses épineuses des 4 dernières dorsales, à la crête iliaque et à la dernière côte. Chacun des deux faisceaux se termine par une lame mince qui va se fixer comme chez le martinet à la face

---

1. *Essai*, p. 401.

postéro-externe de l'humérus, le faisceau trapézoïde croisant et recouvrant le grand dorsal proprement dit.

Le tenseur de la membrane axillaire est en grande partie membraneux; il reçoit un petit *faisceau charnu* qui vient du bord antérieur de la 5° côte.

Chez l'engoulevent, les 3 faisceaux sont bien développés.

1° Le *faisceau trapézoïde* s'attache aux apophyses épineuses des 4°, 5° et 6° vertèbres dorsales; il forme un triangle charnu dont le sommet, encore assez large, passe sous le long triceps et va se fixer sur la face postéro-externe de l'humérus immédiatement en arrière du deltoïde postérieur.

2° Le *grand dorsal proprement dit* s'attache à la 7° dorsale, à la crête iliaque et au bord antérieur de la 7° côte, formant un long triangle charnu qui se termine sur un tendon, lequel passe en le croisant sous le faisceau trapézoïde, et, un peu au-dessus de lui, se termine sur le long triceps de la manière que nous dirons en parlant de ce muscle.

3° Le *tenseur de la membrane axillaire* s'insère à la crête iliaque et à la 7° côte par une aponévrose qui se rattache en partie au grand dorsal. C'est un triangle charnu dont le sommet se termine dans le ligament des pennes axillaires.

Le *triceps brachial* est incomplet chez le martinet. Le *vaste externe* n'existe pas. Le *vaste interne* qui est très fort entoure les 3/4 de l'orifice du *trou borgne*, c'est-à-dire la partie inférieure de ce trou; il recouvre la face interne de l'humérus en arrière de l'épitrochlée et la moitié de la face postérieure, et s'insère sur l'olécrâne.

La masse charnue remplit la fosse olécranienne de l'humérus et s'applique au fond de celle-ci comme sur une poulie dans les mouvements de flexion, d'extension et de rotation du cubitus.

La *longue portion*, ou *long triceps*, s'attache au bord axillaire de l'omoplate sur un tubercule situé immédiatement en arrière du bourrelet glénoïdien par une extrémité tendineuse et envoie en arrière une *aponévrose triangulaire* qui recouvre une partie du sous-scapulaire externe. C'est un fuseau charnu dont l'extrémité distale se termine en partie sur la *rotule du coude*, rotule cunéiforme qui glisse dans une gouttière creusée sur la face postérieure du tubercule inférieur de l'épicondyle et se rattache à la lèvre postérieure de la partie externe de l'olécrâne par un fort tendon et par un faisceau de fibres aponévrotiques placé en dedans du tendon, puis, par de petites expansions, à la saillie de l'olécrâne.

Le *long triceps* envoie sur l'humérus, au bas de son 1/3 proximal, au niveau du grand dorsal, une *expansion fibreuse* très résistante figurant un petit rectangle [1].

Les trois faisceaux du triceps brachial existent chez l'hirondelle ; il y a un *vaste externe*, très réduit il est vrai, qui s'attache au 1/4 distal du bord externe de l'humérus et dont les fibres se portent sur la rotule du coude.

Le *vaste interne* qui couvre presque toute l'étendue de la face interne et de la face postéro-externe de l'humérus se termine sur la pointe, la face profonde et le côté interne de l'olécrâne.

La *longue portion* ou *long triceps* se termine en partie sur l'olécrâne, en partie sur la rotule du coude. Son *expansion fibreuse humérale* est formée comme chez le martinet par une petite lame rectangulaire.

L'engoulevent, de même que le martinet, diffère de l'hirondelle par l'absence du *vaste externe*.

Le *vaste interne* est très fort chez l'engoulevent. Le *long triceps* ne contient pas de rotule dans son tendon terminal qui glisse dans une gouttière profonde de l'épicondyle. Ce caractère distingue l'engoulevent de l'hirondelle et du martinet.

Son expansion fibreuse humérale s'insère près du bord du deltoïde. Elle a une connexion remarquable avec le tendon du *grand dorsal* dont elle semble être la terminaison. En effet, en regardant le muscle par sa face profonde, on voit qu'il est bordé en arrière par un tractus fibreux sur lequel vient se terminer le grand dorsal et dont le prolongement se continue avec l'expansion aponévrotique qui va se fixer sur l'humérus immédiatement au-dessus du faisceau trapézoïde.

Le martinet est caractérisé par l'absence du *biceps* et du *brachial antérieur*, ce qui le distingue de l'hirondelle, de l'engoulevent et de tous les passereaux que j'ai étudiés jusqu'ici.

Le *biceps* est réduit à un *frein coraco-brachial* aponévrotique fixé par un tendon à l'apophyse cléidienne du coracoïdien sur un tubercule qui représente celui où s'insère habituellement le

---

1. *Essai*, p. 404, pl. II, fig. 9.

biceps et s'épanouissant en une aponévrose qui recouvre la base de la tubérosité interne.

L'espace qui répond à la coulisse bicipitale est remplacé par une fosse rugueuse où s'insère une partie du grand pectoral.

Le *biceps brachial* et le *brachial antérieur* existent chez l'hirondelle et chez l'engoulevent. Chez ces oiseaux, le biceps brachial est très fort.

Chez l'hirondelle, il s'attache à l'apophyse cléidienne du coracoïdien entre son articulation cléidienne et le bourrelet glénoïdien par un tendon plat qui envoie sur la base de la tubérosité interne une large expansion qui est le frein *coraco-huméral* du biceps.

Il y a chez l'hirondelle un *frein huméral* qui vient de la base de la tubérosité et qui forme un gros corps charnu plus important que la portion coracoïdienne.

Chez l'engoulevent le tendon très fort se fixe au sommet tuberculeux de l'apophyse cléidienne du coracoïdien; le frein coracoïdien est en partie charnu et le frein huméral est très fort.

Le biceps envoie une *expansion charnue* sur le *tenseur marginal de la membrane antérieure de l'aile*.

Chez ces oiseaux le muscle se termine par un tendon qui se bifurque en deux divisions dont l'*interne* qui va au cubitus est plus forte que l'*externe* qui va au radius. Chez l'hirondelle, l'insertion cubitale se fait près de l'extrémité interne du bord coracoïdien de la grande cavité sigmoïde; l'insertion radiale se fait près de la cupule sur le col du radius que le tendon contourne un peu. Chez l'engoulevent la bifurcation du tendon du biceps, au lieu de se faire comme chez l'hirondelle au niveau de l'articulation, se fait au 1/4 distal de l'humérus. Les deux divisions sont longues. La division cubitale se fixe sur un tubercule près du bord interosseux, la division radiale sur un tubercule du bord interosseux auprès du col du radius qu'elle ne contourne pas.

Le *brachial antérieur* de l'hirondelle est une petite lame charnue qui se fixe au cubitus au-dessous du bord coronoïdien de la grande cavité sigmoïde et sur l'humérus dans la *fossette antérieure*, petite fossette à peine excavée, mais néanmoins bien indiquée, située au-dessus de la trochlée. Le muscle passe obliquement en dehors du tubercule supérieur de l'épitrochlée le long du *ligament blanc*.

Chez l'engoulevant le muscle est beaucoup plus fort et la fossette bien plus creuse. Il vient obliquement, en recouvrant le tendon du biceps qui se cache sous lui comme chez l'hirondelle, s'insérer au-dessous du bord coronoïdien.

Le *grand pectoral* paraît énorme chez le martinet. Cependant son épaisseur n'est pas en raison de la hauteur de la crête sternale, l'empreinte musculaire n'ayant que le 1/3 de la hauteur de la crête. La plus grande épaisseur du muscle se trouve dans sa partie moyenne à égale distance de la crête sternale et de l'insertion humérale.

Le muscle s'attache à la clavicule sur le bord antérieur et la face externe, sur la partie la plus interne de la *membrane sterno-cléido-coracoïdienne (membrane sous-claviculaire)*, sur la crête pectorale dans le 1/3 de sa hauteur, c'est-à-dire dans l'espace compris entre le bord libre et la ligne intermusculaire, au bord du méplat, au bord postérieur et au bord externe dans l'espace situé en arrière des articulations costales et enfin au bouclier dans le même espace en dehors du moyen pectoral ou sus-épineux.

Les fibres les plus internes de la région claviculaire s'insèrent un peu au delà de la pointe du sternum sur un *raphé médian* qui les sépare de celles du côté opposé. La masse du muscle dépasse donc dans cette région la pointe antérieure du sternum et y forme un bourrelet au delà de la clavicule.

D'autre part les fibres claviculaires les plus externes forment de leur côté un faisceau spécial (*faisceau claviculaire externe*).

Les fibres du grand pectoral se dirigent vers la crête externe ou pectorale de l'humérus. Les postérieures se portent obliquement en avant et en dehors; les suivantes moins obliquement, les antérieures presque transversalement. Celles qui viennent de la clavicule sont obliques en arrière; celles qui viennent du faisceau claviculaire externe se portent presque directement en arrière et s'insèrent sur le bord proximal du crochet de la crête pectorale.

Les fibres les plus superficielles s'insèrent sur le bout arrondi du crochet de la crête pectorale; les fibres profondes sur toute la face profonde de cette crête et dans toute la fosse (correspondant à la coulisse bicipitale) qui la sépare de la tubérosité interne.

La face profonde du muscle, au voisinage de cette insertion, est aponévrotique ainsi que le bord inférieur où l'on voit un tractus fibreux qui se fixe à un crochet de la base de la tubérosité interne en formant une arcade qui est aussi très bien dessinée chez les rapaces et chez l'engoulevent.

Le bord fibreux se dessine encore sous le crochet de la crête pectorale et, avant de se fixer à l'humérus, reçoit une expansion du *tenseur moyen de la membrane antérieure de l'aile*. L'arcade fibreuse enveloppe le biceps chez l'hirondelle et l'engoulevent.

Du bord axillaire du grand pectoral se détache chez le martinet un *muscle des parures* assez fort.

Les 3/4 externes du bord antérieur de la clavicule donnent insertion chez le martinet à deux lames charnues triangulaires (dont la plus interne est un peu cachée par le faisceau claviculaire interne) qui s'unissent pour former le *tenseur marginal de la membrane antérieure de l'aile*. Celui-ci reçoit un *faisceau du peaucier du cou*, et un peu au delà un autre faisceau qui vient de l'extrémité externe de la clavicule.

Sa pointe se continue, par une disposition spéciale au martinet, dans un faisceau de fibrilles non élastiques dont une partie se répand entre les mailles du peaucier élastique dont le réseau entoure les tuyaux des plumes de la membrane. Les fibrilles qui continuent le plus directement la pointe du muscle, au nombre de 6 à 7 se rendent sur une petite lame fibreuse transversale au delà de laquelle on voit un petit triangle formé de 3 à 4 fibrilles bientôt réunies en un tendon qui se divise en deux branches lesquelles fournissent une gaine au tendon du *long supinateur* et vont se fixer de chaque côté de ce tendon sur l'apophyse pollicienne du métacarpe.

L'extrémité distale du tenseur marginal ne contient pas de sésamoïde ou de rotule radio-carpienne chez le martinet.

Le *tenseur moyen* de la membrane antérieure de l'aile est chez le martinet un ruban charnu très fort qui s'insère sur l'extrémité externe de la clavicule, adhère au ligament cléido-coracoïdien, coiffe l'apophyse cléidienne de l'os coracoïdien en s'attachant à son périoste, et va se terminer sur la partie proximale du *long supinateur* qui le rattache au tubercule supérieur de l'épicondyle[1]. Il envoie, comme nous l'avons dit, une expansion sur le grand pectoral.

Chez l'engoulevent, le *grand pectoral* a les mêmes attaches

---

1. *Essai*, p. 403.

sur la clavicule et le sternum. Il est très fort. Son insertion à la crête pectorale est charnue à la surface, aponévrotique à la face profonde. Il envoie sur la tubérosité interne une arcade fibreuse qui entoure le *biceps*. Il ne présente pas de *muscle des parures*, du moins à l'état charnu.

Toute son insertion humérale se fait sur la crête pectorale.

Il se détache de sa surface dans le 1/3 proximal du bras, un faisceau charnu qui concourt à former le *tenseur marginal*.

Celui-ci est d'abord confondu avec le *tenseur moyen* dans un faisceau charnu inséré sur l'extrémité externe de la clavicule et qui détache de son bord interne une petite division bientôt terminée par un tendon, lequel se confond avec celui du faisceau fourni par le grand pectoral.

Le tendon commun résultant de cette union se porte vers l'extrémité distale du radius où il présente un sésamoïde (*rotule radio-carpienne*), qui glisse sur la face dorsale du crochet radial et, après avoir envoyé de chaque côté une expansion fibreuse dont l'une bride le tendon du long supinateur, se termine sur la face palmaire de l'apophyse du métacarpe.

Le *tenseur marginal* reçoit du biceps une expansion charnue qui l'atteint sur le commencement du tendon commun.

Le *tenseur moyen* formé par la plus grande partie des fibres du faisceau claviculaire, se termine par deux forts tendons qui vont s'unir au long supinateur, l'un à distance, l'autre auprès de l'épicondyle.

Chez l'*hirondelle*, le *grand pectoral* s'attache à la face externe de la clavicule, à la membrane sous-claviculaire, à l'apophyse épisternale sur la branche du T, à la crête sternale dans la moitié de sa hauteur, au bord postérieur du bouclier moins le méplat, à la partie de sa surface qui est en dehors du moyen pectoral et du coraco-brachial, à la membrane de l'échancrure, à l'apophyse hyposternale et au bord sterno-costal immédiatement en dehors du coraco-brachial.

Les fibres du bouclier se portent presque directement d'arrière en avant; celles qui viennent de la crête sternale, d'abord très obliques, deviennent de plus en plus transversales; celles qui viennent de l'extrémité externe de la clavicule se portent presque directement d'avant en arrière.

Le sommet du triangle ainsi formé s'attache à la crête pectorale de l'humérus. Il est charnu à sa surface, mais sa face profonde couverte d'une aponévrose glisse sur le biceps brachial.

Il n'y a pas de *muscle des parures*.

Le *tenseur marginal* diffère beaucoup de celui du martinet et de celui de l'engoulevent. Il est formé par un petit ruban charnu mince, étroit et de peu de longueur (6 millimètres), qui s'insère sur l'extrémité externe de la clavicule, immédiatement en dehors du tenseur moyen qu'il recouvre et se termine par un *tendon élastique*. Ce tendon, presque aussitôt fortifié par d'autres fibres élastiques venant du peaucier du cou, s'élargit et s'épaissit et envoie des fibres dans la membrane antérieure de l'aile.

Sa terminaison s'atténue et se réduit à une division principale. En atteignant l'extrémité distale du radius, le tendon contient un très petit sésamoïde (rotule radio-carpienne), qui glisse sur la face dorsale du crochet distal du radius dans la gouttière du *long supinateur* et va se fixer près de celui-ci sur l'apophyse pollicienne du métacarpe, l'autre palmaire qui va se fixer sur l'os radial.

Le *tenseur moyen* est un faisceau charnu qui s'attache à l'extrémité externe de la clavicule en avant du deltoïde postérieur. Il se termine par un tendon qui s'unit au long supinateur près de l'extrémité proximale de celui-ci et se prolonge avec lui jusqu'au tubercule supérieur de l'épicondyle.

Le tenseur moyen envoie des fibres dans la membrane antérieure de l'aile.

Nous venons de voir que le *tenseur marginal* possède un sésamoïde chez l'hirondelle et chez l'engoulevent et qu'il en est dépourvu chez le martinet.

Le *long supinateur*[1] s'insère chez le martinet sur la pointe du tubercule supérieur de l'épicondyle et sur la face profonde de ce tubercule. La position du tubercule épicondylien fait que cette insertion est placée très haut sur l'humérus (à la 1/2 de sa hauteur totale).

Cette partie proximale du long supinateur envoie une expansion en arcade qui coiffe le crochet arrondi de la crête pectorale de l'humérus et, au-dessous de ce crochet, s'unit au grand pectoral, comme on le voit en soulevant l'extrémité du muscle après section.

Le bord du muscle est tendineux au voisinage de l'insertion humérale ; cette partie tendineuse sur laquelle se termine le tenseur marginal, rattache celui-ci à l'épicondyle.

1. *Essai*, p. 408.

Le tubercule supérieur de l'épicondyle est séparé du crochet de la crête pectorale, par une gouttière oblique dans laquelle passe le nerf radial.

Le *long supinateur* se termine au milieu de la longueur du radius par un tendon très fort, qui s'engage dans une gouttière dorsale située au côté cubital du crochet externe du radius et, franchissant à distance l'os radial du carpe, va se terminer sur la pointe externe du *grand talon* ou *apophyse pollicienne* de la base du métacarpe.

Le muscle accessoire du long supinateur, que l'on désigne sous le nom de *long abducteur*, n'existe pas chez le martinet.

Chez l'hirondelle, il y a un *long supinateuv* qui s'attache par un faisceau charnu à la face antérieure de l'humérus au-dessus du condyle et par un tendon superficiel recouvrant les fibres charnues au tubercule supérieur de l'épicondyle. C'est cette seconde tête qui reçoit le tenseur moyen.

Les deux têtes du muscle se réunissent pour former un faisceau charnu très fort qui borde le 1/3 proximal du radius, et se termine par un long tendon qui se réfléchit dans la gouttière distale du radius où il est retenu par un crochet qui le rend dorsal, franchit à distance l'os radial du carpe, et se termine sur la pointe (mais un peu dorsalement), de l'apophyse pollicienne du métacarpe. Il est retenu dans la gouttière distale du radius par la bride dorsale de la petite rotule du tenseur marginal.

Le *long abducteur du pouce* n'existe pas chez l'hirondelle.

Chez l'*engouleveut*, le long supinateur s'insère, comme chez l'hirondelle, par une tête sur la diaphyse humérale, par une autre tête sur le tubercule supérieur de l'épicondyle. Les fibres charnues, se prolongeant jusqu'à la 1/2 du radius comme chez le martinet, se terminent en pointe sur un tendon qui commence au 1/4 proximal, et devient libre à la 1/2, étant alors assez large, se réfléchit sur la gouttière du radius, puis va se fixer au tubercule de l'apophyse pollicienne.

Il y a chez l'*engoulevent un long abducteur du pouce*, petit faisceau charnu inséré sur la face postérieure et le bord interosseux des 3/4 proximaux du radius, et terminé dans le 1/3 distal, par un tendon grêle qui va retrouver celui du long supinateur à 3 millimètres de son insertion. L'existence de ce muscle, distingue l'engoulevent de l'hirondelle et du martinet.

Le *court supinateur*, chez le martinet, s'attache au tubercule inférieur de l'épicondyle qui se trouve chez cet oiseau très loin du tubercule supérieur. Son insertion se fait immédiatement en avant du cubital postérieur et de l'anconé. Ses fibres se rendent sur la face postérieure et le bord libre de la moitié proximale du radius.

Chez l'*hirondelle*, ce muscle s'insère seulement sur le 1/3 proximal du radius.

Il est très fort chez l'engoulevent.

Derrière le court supinateur, le tubercule inférieur de l'épicondyle donne insertion chez le martinet au tendon commun du *cubital postérieur* et de l'*anconé*.

L'*anconé* qui est assez fort, mais en partie caché par le cubital postérieur, étend son insertion sur la face postérieure et le bord interne de la moitié du cubitus.

Il en est de même chez l'*engoulevent*, mais le muscle est très faible chez l'*hirondelle*, où il n'occupe que le 1/3 du cubitus.

Le *cubital postérieur* chez le martinet, inséré sur l'épicondyle avec l'*anconé* qu'il recouvre, reçoit aussi un faisceau de l'olécrâne. Il se dirige obliquement en dehors, vers l'extrémité distale du cubitus et se termine dans le dernier quart de l'avant-bras par un tendon grêle qui se réfléchit sur la face dorsale de la petite tête du cubitus dans une petite gouttière et se porte obliquement sur la face dorsale du 2ᵉ métacarpien qu'il atteint au voisinage de son bord interosseux.

Chez l'*engoulevent*, le *cubital postérieur* se termine aussi sur la lèvre interosseuse du 2ᵉ métacarpien. Il naît de l'épicondyle par un tendon qui se détache de celui de l'anconé, devient charnu vers la 1/2 du cubitus, puis montre à sa surface un tendon large sous lequel les fibres charnues se continuent jusqu'au 1/4 distal. Une lame charnue venant de l'olécrâne atteint vers la 1/2 de l'avant-bras sa face profonde qu'elle accompagne ensuite.

Le *cubital postérieur* de l'hirondelle se comporte à l'avant-bras comme celui du martinet, mais il diffère à la fois de celui du martinet et de celui de l'engoulevent par son insertion distale qui se fait sur la face dorsale de la base du 3ᵉ métacarpien près de son angle externe.

L'*extenseur commun du pouce et de la première phalange du second doigt* est remarquable chez le *martinet* par sa force et son volume et par son insertion humérale qui se fait sur toute la *crête épicondylienne* qui réunit les deux tubercules de l'épicondyle ; son insertion s'étend sur le versant antérieur ou inférieur de cette crête. Cette insertion forme la base d'un long triangle charnu qui recouvre d'abord l'ancoué, le cubital postérieur et le court supinateur, et dont la pointe se continue dans le 1/4 distal de l'avant-bras avec le tendon terminal qui se réfléchit sur la petite tête du cubitus dans une gouttière située plus près du bord interosseux que celle du cubital postérieur, se dirige vers le bord radial du 2ᵉ métacarpien et, à environ 3 millimètres de l'articulation carpo-métacarpienne, se divise en deux tendons. L'un court et grêle (2 millimètres de long) se porte presque transversalement vers la phalange du pouce où il se fixe sur le tranchant du bord cubital à 3 millimètres de l'articulation de la phalange ; l'autre se porte sur la face dorsale du 2ᵉ métacarpien, atteint le milieu de sa largeur, s'engage dans une gouttière longitudinale un peu oblique en dehors et limitée par une crête externe, atteint le milieu de la base de la 1ʳᵉ phalange du 2ᵉ doigt, se porte presque transversalement en dehors, et va se fixer à un tubercule situé à la face dorsale de la base du bord radial de cette phalange.

L'*extenseur de la deuxième phalange* du second doigt, situé profondément dans l'espace interosseux de l'avant-bras, recouvert par le court supinateur et le cubital postérieur, s'attache au radius et au cubitus. Il est assez fort, moins cependant que l'extenseur commun. Son tendon terminal, qui se montre dans le 1/4 distal de l'avant-bras, se réfléchit en le croisant sous le tendon de l'extenseur commun, puis se place au-dessus de lui au moment où celui-ci se loge au fond de la gouttière dorsale du métacarpe, parcourt cette gouttière en lui restant superposé, puis, vers l'extrémité distale du métacarpe s'engage obliquement dans une petite gouttière qui échancre la crête de la grande gouttière, se porte vers le bord radial du métacarpien, atteint l'articulation métacarpo-phalangienne sans quitter la face dorsale, présente en ce point un sésamoïde (*rotule métacarpo-phalangienne*) qui glisse sur la facette de la base de la 1ʳᵉ phalange, uni par deux brides à la capsule articulaire, marche au côté dorsal de la 1ʳᵉ phalange parallèlement à son bord radial, et enfin va se fixer au côté dorsal du tubercule radial de la base de la 2ᵉ phalange.

Les tendons des deux longs extenseurs sont recouverts par les pennes métacarpiennes et maintenus dans la gouttière par un système aponévrotique remarquable que je désigne sous le nom de *ligament denticulé*.

FIG. XXXV. — *Ligament denticulé du martinet.*

1. Ligament denticulé. — 2. Extenseur commun. — 3. Extenseur de la deuxième phalange. — 4. Cubital postérieur. — 5. Abducteur du second doigt. — S. Sésamoïde ou rotule métacarpo-phalangienne.

FIG. XXXV.

Une lame fibreuse étroite se détache du tubercule externe de la petite tête du cubitus en dedans de la gouttière du cubital postérieur et se porte vers l'extrémité distale du métacarpe en recouvrant la gouttière des extenseurs. Elle envoie de son côté radial deux digitations qui s'attachent au bord radial de la gouttière et, de son bord cubital, six digitations qui s'attachent aux sommets des gaines fibreuses des pennes métacarpiennes. Son extrémité distale bride la partie réfléchie du tendon de la 1re phalange.

Le ligament *denticulé* caractérise le martinet.

L'*extenseur commun* de l'hirondelle s'attache uniquement au tubercule inférieur de l'épicondyle qui n'est pas séparé du tubercule supérieur comme chez le martinet. Le tendon du pouce qui est très grêle se termine sur la face dorsale de la phalange très près de l'articulation.

L'*extenseur de la deuxième phalange* s'attache à la 1/2 distale du radius, il est faible, mais son tendon est très fort.

Les tendons de ces deux muscles ne sont pas logés dans une gouttière métacarpienne.

Chez l'engoulevent l'*extenseur commun* se comporte comme chez l'hirondelle, si ce n'est qu'il est logé dans une gouttière métacarpienne.

L'*extenseur de la deuxième phalange* s'attache au radius et au cubitus, remplit l'espace interosseux et fait saillie à la face palmaire de l'avant-bras. Au métacarpe son tendon n'est pas logé dans la gouttière de l'extenseur commun. La disposition de ces deux muscles est donc intermédiaire entre celle de l'hirondelle et celle du martinet.

Le tendon de la 2ᵉ phalange est dépourvu de sésamoïde chez l'hirondelle et chez l'engoulevent, ce qui les distingue du martinet.

Passons à la face palmaire de l'avant-bras.

FIG. XXXVI. — *Martinet. Muscles de l'avant-bras, couche profonde.*

1. Premier rond pronateur. — 2. Second rond pronateur. — 3. Fléchisseur de la seconde phalange du second doigt. — 3. Son faisceau accessoire. — 4. Carré pronateur. — 5. Petit palmaire et fléchisseur de la première phalange. — 6. Cubital antérieur. — 7. Vaste interne. — 8. Ligament blanc.

FIG. XXXVII. — *Martinet. Face dorsale de l'avant-bras, du carpe et de la base du métacarpe.*

R. Radius. — C. Cubitus. — OR. Os radial. — OC. Cubitus. — 5. Tendon du carré pronateur. — 6. Ligament qui prolonge l'insertion du cubital antérieur.

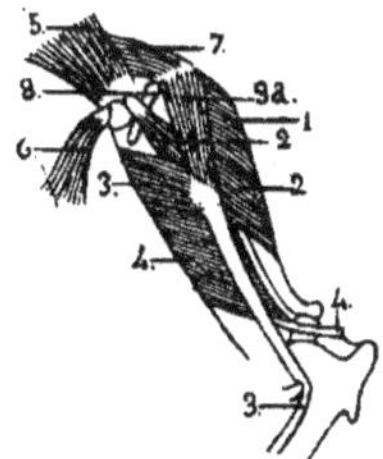
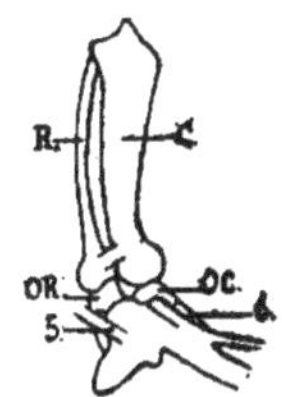

FIG. XXXVI.   FIG. XXXVII.

Chez le martinet, les deux *ronds pronateurs* s'insèrent obliquement sur la face palmaire et le bord libre du radius. Le *premier rond pronateur*, ou *rond pronateur superficiel*, est une lame mince qui n'atteint que la moitié du radius. Le second rond pronateur, ou *rond pronateur profond*, occupe les 2/3 de cet os.

Leurs insertions humérales sont très éloignées l'une de l'autre et ils restent séparés dans presque toute leur étendue.

L'insertion humérale du *rond pronateur superficiel* se fait sur la lèvre antérieure de la ligne âpre depuis le tubercule supérieur de l'épitrochlée jusqu'à la base de la tubérosité interne.

Celle du *rond pronateur profond* se fait sur le tubercule moyen de l'épitrochlée par un fort tendon qui est caché sous le petit palmaire.

Chez l'hirondelle les deux *ronds pronateurs* sont à découvert. Ils s'attachent séparémént au tubercule supérieur et au tubercule moyen de l'épitrochlée. On voit dans l'intervalle quelques fibres qui peuvent être attribuées au rond pronateur profond. Quoique bien distincts les deux muscles tendent à se confondre. Les insertions radiales se font sur les deux lèvres d'une ligne âpre commune et à la fin par un tendon commun sur un tubercule situé à la moitié de la longueur du radius.

Chez l'engoulevent les deux ronds pronateurs sont bien séparés. Le *premier rond pronateur*, assez court et très faible, s'attache au tubercule supérieur de l'épitrochlée qui est bien isolé et placé sur la face antérieure de l'humérus au-dessous du passage du brachial antérieur. Il va s'insérer sur le 1/4 proximal du radius.

Le *deuxième rond pronateur* se fixe profondément sur le tubercule moyen de l'épitrochlée, qui est très fort, auprès du petit palmaire qui le recouvre (différence avec l'hirondelle, ressemblance avec le martinet). Il est très fort et s'attache à la 1/2 proximale du radius jusqu'au point où l'on voit l'extenseur de la 2ᵉ phalange apparaître à travers l'espace interosseux. Il est uni au petit palmaire par des connexions remarquables.

Chez le martinet, l'hirondelle et l'engoulevent le tubercule supérieur de l'épitrochlée donne attache à un ligament blanc très fort.

Le *cubital antérieur* est d'une force médiocre chez le martinet. Son tendon huméral ne contient pas de sésamoïde[1]. Il s'attache à la face postérieure du tubercule inférieur de l'épitrochlée, glisse dans une petite gouttière de cette face postérieure et devient charnu. Le muscle est ensuite fortifié par un petit faisceau charnu qui vient de la base de l'olécrâne.

Du bord cubital du muscle se détache le *rotateur des rémiges*[2] qui s'écarte en décrivant une courbe et se termine par un tendon qui va retrouver l'extrémité distale du cubital antérieur.

1. *Essai*, p. 412.
2. *Ibid.*

Le *rotateur des rémiges* émet par son bord interne de petits triangles aponévrotiques qui vont se fixer sur les gaines des rémiges cubitales.

Le *cubital antérieur* se termine par un tendon qui va se fixer sur l'apophyse palmaire de l'os cubital du carpe, lequel est relié par un ligament à la base du 3° métacarpien.

Chez l'*hirondelle* et l'*engoulevent* le tendon proximal du *cubital antérieur* est également dépourvu de sésamoïde.

Chez l'*hirondelle*, ce tendon glisse dans une gouttière sur le côté interne de l'olécrâne où il est retenu par un crochet. Le muscle devient ensuite charnu et se termine dans le 1/4 distal de l'avant-bras par un tendon qui se montre sur la face superficielle.

Le *rotateur des rémiges* naît de la base de l'olécrâne, glisse sur le *cubital antérieur*, émet par son bord radial un tendon qui va s'unir à ce muscle et lui forme ainsi une tête cubitale, puis devient charnu et se termine par un tendon qui va se confondre avec l'extrémité distale du *cubital antérieur*. Du bord interne du rotateur des rémiges se détachent de petits *triangles charnus* qui se rendent sur les gaines des pennes cubitales.

Chez l'*engoulevent* le *cubital antérieur* ne reçoit rien du cubitus. Le tendon terminal qui se montre sur la face profonde devient libre dans le 1/4 distal.

Le *rotateur des rémiges* n'existe pas à l'état charnu. Il est représenté par un cordon aponévrotique qui va retrouver l'extrémité distale du cubital antérieur, mais dont l'extrémité proximale n'a pas d'attache osseuse, n'étant qu'un prolongement de la membrane axillaire. De ce tendon se détachent des triangles aponévrotiques qui se rendent sur les pennes cubitales.

Le *petit palmaire* est très développé chez le *martinet;* c'est un long triangle charnu dont la base s'attache à la face latérale du tubercule inférieur de l'épitrochlée, à l'espace qui le sépare du tubercule moyen, à ce tubercule et un peu au delà recouvrant le *rond pronateur profond*. Il se transforme dès le 1/4 proximal de l'avant-bras en une lame fibreuse qui va se terminer sur le *ligament palmaire* ou *transverse du carpe*. L'aponévrose envoie une expansion latérale sur les pennes cubitales.

De la face profonde du *petit palmaire* se détache le *long fléchisseur de la première phalange du deuxième doigt* qui, par son intermédiaire, est un muscle épitrochléen. Il est faible et se termine dans le 1/4 distal de l'avant-bras par un tendon qui passe sous le ligament transverse du carpe, se réfléchit sur le côté radial de l'apophyse palmaire de l'os cubital du carpe, se porte obliquement sur le côté radial de la base de la 1ʳᵉ phalange, envoie sur cette base une expansion bifurquée et va s'insérer sur la phalange un peu en arrière de son extrémité distale.

Le *long fléchisseur de la deuxième phalange* présente chez le *martinet* une particularité remarquable. Il est formé par deux têtes, l'une *cubitale* A, l'autre *humérale* B.

A. La tête cubitale, tête normale, située profondément, est formée par un faisceau charnu assez fort, mais moins fort que le faisceau anormal vers lequel il se dirige obliquement pour se terminer sur sa face profonde en haut du 1/3 moyen de l'avant-bras.

B. La tête anormale, superficielle, large et épaisse, s'insère sur l'interstice de la ligne âpre de l'humérus en recouvrant le rond pronateur superficiel inséré sur la lèvre antérieure. Ce faisceau de renforcement augmente beaucoup chez le martinet la puissance du muscle.

Le muscle ainsi formé se termine dans la deuxième moitié de l'avant-bras par un fort tendon qui se porte obliquement vers l'extrémité distale du radius, se réfléchit sous une bride fibreuse, passe au côté radial de l'apophyse palmaire du métacarpe, se dirige vers la base de la 1ʳᵉ phalange et se termine sur un tubercule situé à la base du coté radial de la 2ᵉ phalange.

Le *petit palmaire* chez l'*hirondelle* naît de la face latérale du tubercule inférieur de l'épitrochlée. Dans le 1/3 distal de l'avant-bras il se transforme en une aponévrose qui va se terminer sur le ligament transverse du carpe. Il donne une expansion au cubital antérieur et envoie aussi une expansion aponévrotique sur les rémiges.

De la face profonde du petit palmaire se détache le *long fléchisseur de la première phalange du second doigt* qui va s'insérer sur le tubercule radial de la base de la 1ʳᵉ phalange.

Le *long fléchisseur de la deuxième phalange du deuxième doigt* n'a chez l'hirondelle que sa tête cubitale attachée profondément au 1/3 proximal de la face palmaire du cubitus. Le muscle devient tendineux dans la 1/2 distale de l'avant bras, gagne obliquement le côté interosseux du radius où il est retenu par une bride fibreuse, se réfléchit sur le côté radial de cette apophyse, gagne la base de la 1re phalange du second doigt où il recouvre l'insertion du muscle précédent, se réfléchit sur un onglet situé près du bord radial de la phalange, gagne le milieu de la base de la 2e phalange et se fixe un peu au delà de cette base, mais un peu moins loin que le tendon de l'extenseur attaché à la face dorsale du bord radial.

Chez l'*engoulevent* le *petit palmaire*, moins volumineux, semble plutôt une dépendance du *long fléchisseur* de la 1re phalange. La partie commune s'attache à l'humérus immédiatement en arrière du tubercule de l'épitrochlée par un tendon qui recouvre celui du *deuxième rond pronateur*.

Le tendon se prolonge à la surface de la masse charnue en une lame aponévrotique, laquelle envoie une expansion sur les rémiges cubitales, va se terminer sur le ligament transverse du carpe et par conséquent représente le *petit palmaire;* la masse charnue se termine au commencement du 1/3 distal de l'avant-bras par le tendon du *long fléchisseur de la première phalange.*

La masse charnue reçoit par sa face profonde, dans le 1/3 proximal de l'avant-bras, une lame aponévrotique détachée de l'extrémité du *deuxième rond pronateur.*

D'autre part elle émet par son bord externe dans la moitié de l'avant-bras une lame assez large, en partie charnue, en partie fibreuse qui se place sous le *rond pronateur profond* et s'insère près de lui sur le bord externe du radius.

Le tendon de la *première phalange du second doigt,* ne mérite pas ce nom chez l'engoulevent. Il se porte obliquement vers l'extrémité distale du bord radial de la 1re phalange, franchit l'articulation de la 1re phalange avec la 2e et se termine près du bord de la 2e phalange à la 1/2 de sa longueur.

Le long fléchisseur de la deuxième phalange du second doigt, s'attache au 1/3 proximal du cubitus. C'est un faisceau charnu peu volumineux qui n'atteint pas la moitié de l'avant-bras. Son tendon terminal s'applique au *carré pronateur,* jusqu'à l'extrémité distale du radius, croise alors le tendon de ce muscle au côté radial duquel il se place, se réfléchit sous une bride aponévrotique, puis sur le côté radial du tubercule palmaire du métacarpe, se porte obliquement vers le tubercule radial de la base de la 1ʳᵉ phalange, se réfléchit et va se terminer sur labase de la 2ᵉ phalange immédiatement au delà de l'articulation.

Dans la seconde moitié du métacarpe il recouvre le tendon de la 1ʳᵉ phalange contenu dans une gaine commune.

Après avoir franchi l'articulation métacarpo-phalangienne, ce dernier tendon se place au côté radial du tendon de la dernière phalange et va se terminer, comme nous l'avons dit, d'une manière exceptionnelle, puisqu'il se fixe à la 2ᵉ phalange et prolonge même son insertion plus loin que le muscle normal de cette phalange.

Le *carré pronateur* [1], chez le martinet, très fort et très épais, s'attache aux 2/4 moyens de la face palmaire du cubitus en l'enveloppant et en embrassant son bord libre. Les fibres se portent obliquement sur un tendon qui s'engage dans la gouttière de l'os radial du carpe, et va se fixer à la base du métacarpe sur un tubercule situé à la face dorsale du 2ᵉ métacarpien au sommet de l'angle que la tête articulaire en forme de roue fait avec l'apophyse pollicienne.

Il en est de même chez l'hirondelle où le muscle est moins fort, et où le tendon commence plus haut, et chez l'engoulevent où le *carré pronateur*, est très fort et très épais et où les fibres qui enveloppent le bord libre du cubitus, dessinent un bourrelet en dedans du cubital antérieur.

Ce muscle est abducteur et extenseur de la main; il a dans l'élongation un rôle prépondérant qui peut lui valoir le nom de *muscle élongateur.*

Muscles courts de la main. — Chez le martinet, le *court fléchisseur* ou *abducteur* du métacarpe ou de la main s'insère par un tendon assez fort sur un tubercule de la face dorsale de la petite tête du cubitus situé en dedans de celui du *ligament denticulé.* Il se divise en deux faisceaux dont l'un se fixe au bord cubital du 3ᵉ métacarpien dans sa moitié proximale et l'autre au bord interosseux du même os.

L'angle que laissent entre eux ces deux faisceaux est occupé par l'adducteur du 3ᵉ doigt.

Il en est de même chez l'hirondelle et l'engoulevent, si ce n'est qu'on ne voit pas chez eux le tubercule du *ligament den-*

1. *Essai*, p. 410.
1. V. ci-dessus, p. 84, fig. XXXVI et XXXVII.

ticulé, et que chez l'engoulevent le faisceau interne va s'insérer sur les ligaments des pennes métacarpiennes.

L'*abducteur du pouce* est formé, chez le martinet, l'hirondelle et l'engoulevent, par deux têtes charnues dont l'une s'insère, immédiatement au delà du crochet du radius, sur le tendon du long supinateur, l'autre sur la base du 2° métacarpien en dedans du gros tubercule palmaire sur lequel se réfléchit le tendon du muscle fléchisseur de la 2° phalange du second doigt et sur le tubercule lui-même.

Les deux têtes charnues s'unissent par un tendon qui se fixe à un tubercule palmaire de la base de l'appendix.

L'*adducteur transverse* situé à la face dorsale de l'*adducteur* du 2° doigt, va de la base du bord radial du 2° métacarpien au côté cubital de l'appendix.

Il rapproche l'appendix du second doigt.

L'*adducteur du second doigt*, qui est très fort chez le martinet, l'hirondelle et l'engoulevent, est situé au côté palmaire de l'adducteur transverse. Il est penniforme. Il s'attache à la base du métacarpe au-dessus du tubercule palmaire, et au côté palmaire de la base du 2° métacarpien; il va se fixer à un tubercule palmaire situé à la base du côté radial de la 1ʳᵉ phalange du second doigt.

Les deux *muscles interosseux proprements dits* sont penniformes et, remplissant l'espace interosseux, s'attachent aux deux métacarpiens. Celui qui est au côté dorsal[1] se termine par un tendon qui s'incline vers l'extrémité distale du 2° métacarpien, passe sous une bride et se dirige obliquement vers le bord radial de la 2° phalange du second doigt pour s'insérer sur un tubercule situé à la face dorsale de ce bord.

Celui qui est du côté palmaire et qui est recouvert par le précédent se termine par un tendon qui passe obliquement sous celui du muscle dorsal et sous la même bride, se dirige vers le côté cubital de la base de la 2° phalange du 2° doigt, envoie sur cette base une expansion fibreuse et va se terminer sur le côté dorsal du bord cubital de la phalange vers le milieu de sa longueur.

Chez l'hirondelle ces muscles sont moins forts et plus cachés dans l'espace interosseux.

---

1. *Essai*, p. 419 et pl. II, fig. 3. — La description est exacte, mais la figure contient une erreur dans la disposition des tendons.

Chez l'engoulevent, l'insertion du muscle dorsal se prolonge sur la base du métacarpe; l'insertion du muscle palmaire ne dépasse.pas le milieu de la première phalange.

SECTION III

Muscles du membre abdominal.

Face externe.

Fɪɢ. XXXVIII. *Martinet.* — Fɪɢ. XXXIX. *Hirondelle.* — Fɪɢ. XL. *Engoulevent.*

1. Couturier. — 2. Fascia lata. — 2 *a.* Grand fessier. — 3. Crural externe. — 4. Biceps. — 5. Fémoro-coccygien. — 6. Adducteur. — 7. Jambier antérieur. — 8. Court péronier. — 9. Fléchisseur perforé. — Jumeau externe. — 11. Fléchisseur profond. — 12. Long péronier. — 13. Demi-tendineux. — 13 *a.* Son accessoire. — 14. Iléo-coccygien. — 15. Ischio-coccygien. — 16. Pubio-coccygien.'

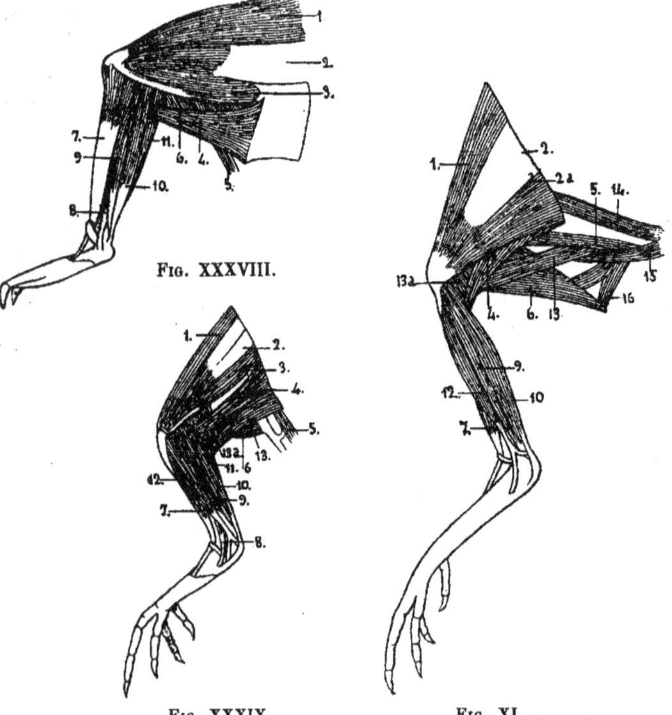

FɪG. XXXVIII.

FɪG. XXXIX.   FɪG. XL.

Face interne et plantaire.

Fɪɢ. XLI. *Martinet.* — Fɪɢ. XLII. *Hirondelle.* — Fɪɢ. XLIII. **Engoulevent.**

1. Couturier. — 2. Crural moyen. — 3. Crural interne. — 4. Adducteur. —
5. Droit interne. — 6. Soléaire tibial. — 7. Jumeau interne. — 8. Fléchisseur profond du pouce. — 9. Demi-tendineux. — 9 *a.* Son accessoire.

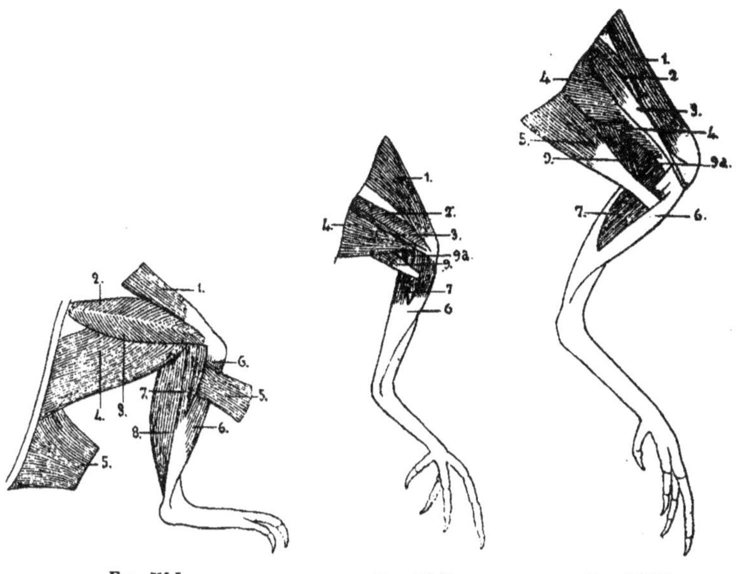

Fɪɢ. XLI.   Fɪɢ. XLII.   Fɪɢ. XLIII.

Chez le *martinet*, l'*hirondelle* et l'*engoulevent*, le muscle *contournant* (*ambiens, accessoire iliaque du fléchisseur perforé* [1]) n'existe pas, caractère qui leur est commun avec tous les passereaux.

Chez le martinet, le *couturier* est une lame charnue triangulaire qui s'attache à l'apophyse épineuse de la 6e dorsale, à l'angle antérieur de la crête sacrée, à l'angle externe de la crête iliaque et à la 6e côte. Il dessine le bord antérieur de la cuisse et va se terminer dans la partie interne de l'enveloppe fibreuse du genou.

Son bord postérieur et externe se confond avec le *tenseur du fascia lata* qui, lui-même, se confond avec ce qu'on peut rapporter au grand fessier.

1 *Essai*, p. 442.

Le *tenseur*, aponévrotique dans sa partie iliaque, devient charnu au niveau du trochanter et se termine au milieu de la cuisse en adhérant au *crural moyen*. Comme la partie charnue est située en avant de la cavité cotyloïde, on peut en conclure à l'absence du *grand fessier* qui chez les oiseaux est habituellement un muscle *post-cotyloïdien*.

Il en est de même chez l'hirondelle, mais il n'en est pas ainsi chez l'engoulevent qui possède un véritable *grand fessier post-cotyloïdien* très développé, recouvrant le biceps, formant un vaste triangle charnu dont la base s'attache à tout le bord externe de l'aile postérieure de l'iléon et dont le sommet qui va recouvrir le genou se continue dans l'aponévrose jambière.

Entre le couturier et le grand fessier on trouve chez l'engoulevent une aponévrose dépourvue de fibres charnues dont le bord interne s'insinue sous le couturier et dont le bord externe s'unit au *grand fessier*. C'est un *fascia lata* qui n'a pas de muscle tenseur. Vers le milieu de la cuisse, le *fascia lata* reçoit sur sa face profonde un faisceau du *crural moyen*.

Le *pyramidal* n'existe dans aucun de nos trois genres à moins qu'on ne le regarde comme confondu avec le *moyen fessier*.

Fig. XLIV. — *Martinet.*

1. Moyen fessier. — 2. Petit fessier. — 3. Tenseur. — 4. Crural.

Fig. XLIV.

Chez le martinet, le *moyen fessier* qui est très fort remplit la *fosse iliaque externe* creusée sur le pré-iléon (aile antérieure ou précotyloïdienne de l'iléon) et s'insère par son angle inférieur et postérieur en partie par des fibres charnues, en partie par un tendon plat situé en arrière, sur la face profonde et le bord du trochanter.

Le *petit fessier*, inséré sur l'épine iliaque, est d'abord confondu avec le bord antérieur du *moyen fessier*. Il s'en sépare bientôt, envoie un faisceau de fibres sur la partie antérieure de la face externe du trochanter, contourne le bas de cette apophyse et se termine sur un tubercule situé au-dessous de son bord postérieur, tubercule qui donne aussi insertion au *carré*.

Chez l'*hirondelle*, le *moyen fessier* s'insère par une aponévrose superficielle sur la partie antérieure et la partie moyenne du bord de la crête trochantérienne.

Le *petit fessier* se termine par un tendon plat qui contourne le bord antérieur du trochanter et se fixe au-dessous de lui sur la face externe du fémur.

Il en est de même chez l'engoulevent.

Je trouve chez l'hirondelle un *iliaque interne* représenté par un petit faisceau très grêle, mais bien distinct, attaché à l'iléon très près de la cavité cotyloïde et qui se fixe à la face interne du fémur entre le crural externe et le crural moyen. Je ne le trouve pas chez le martinet et l'engoulevent.

Il n'y a chez le martinet qu'un seul *adducteur*, lame charnue non divisée qui s'attache à la face externe de la partie du pubis qui borde le grand trou ovale, c'est-à-dire depuis le petit trou ovale que traverse le tendon de l'*obturateur* jusqu'au point où le pubis s'applique à l'extrémité de la partie récurrente ou queue de l'ischion, le reste du pubis donnant attache au droit interne.

Il s'insère d'autre part sur la ligne âpre depuis le second cinquième jusqu'au dernier sixième.

Vu du dehors, il est recouvert par le *fléchisseur profond du pouce*. Vu du dedans il adhère par son bord au *jumeau interne* qui s'attache au dernier sixième de la ligne âpre entre l'adducteur et le condyle interne.

Chez l'hirondelle il n'y a aussi qu'un *adducteur* séparé du biceps par le nerf fémoral. Son extrémité distale adhère à l'*accessoire fémoral du demi tendineux*.

Le *carré* chez le martinet s'attache à la surface concave formée par l'iléon et l'ischion au-dessous de la crête iléo-ischiatique et en arrière du trou sciatique, puis au 1/3 antérieur du trou ovale et enfin au pubis, les fibres charnues dirigées obliquement se réunissent sur un tendon plat qui passe dans une gouttière au-dessous du petit trou ovale et va se fixer à la face externe du fémur au-dessous du trochanter sur le tubercule rugueux dont la partie antérieure donne insertion au petit fessier.

L'*obturateur* [1] inséré dans l'intérieur du bassin sur la face profonde du pubis, de l'ischion et de la membrane obturatrice, forme à sa pointe une masse épaisse qui traverse le petit trou ovale et se termine par un tendon où l'on peut distinguer deux parties, une plus interne formée d'un cordon tendineux qui va se fixer à un petit tubercule sur la pointe postérieure du trochanter, l'autre plus large, oblique en arrière, qui s'attache à la base du trochanter au-dessus de la rugosité du *carré* et un peu sur cette rugosité, en s'insinuant sous le carré qui recouvre un peu l'obturateur.

Ces deux muscles sont adducteurs du fémur et en même temps rotateurs, le faisant tourner d'avant en arrière et de dedans en dehors.

Chez l'*hirondelle*, le *carré*, d'une force médiocre, remplit la fosse iléo-ischiatique et se termine par un tendon plat qui va se fixer sur un tubercule au bas de la face externe et près du bord postérieur du trochanter en recouvrant un peu le crural externe.

Le tendon de l'*obturateur* s'insère sur le trochanter un peu au-dessus de celui du carré. Je n'ai pas trouvé de *jumeaux*.

Il en est de même chez l'engoulevent.

Chez le martinet le *fémoro-coccygien* est un ruban charnu terminé en arrière par un tendon qui se fixe à la face inférieure de l'os en charrue et s'insère en avant sur le 1/3 moyen de la ligne âpre du fémur par des fibres charnues et par un tendon qui se montre sur le bord inférieur du muscle et se fixe sur un tubercule osseux,

Le nerf sciatique le sépare du carré.

Chez l'hirondelle il s'insère par ses fibres charnues sur les 2/3 supérieurs de la ligne âpre.

Chez l'*engoulevent* cette insertion se fait par une lame charnue large et plate dans le 1/3 supérieur de la ligne âpre. Le muscle est bridé contre l'iléon par l'origine du *demi-tendineux*.

L'*accessoire* ou *faisceau iliaque* du *fémoro-coccygien* manque chez le *martinet*, l'*hirondelle* et l'*engoulevent*.

Le *demi tendineux* n'existe pas chez le martinet qui possède au contraire un muscle *droit interne* attaché à la face superficielle de la queue de l'ischion au delà de l'insertion du *carré* et ensuite à la partie du pubis qui est au delà de la queue de l'ischion.

1. *Essai*, p. 434.

Ce *droit interne* est un plan charnu d'abord assez large qui se rétrécit en allant vers le tibia. Quand on le regarde du dehors on trouve qu'il recouvre l'adducteur parce qu'on ne voit pas sa partie ischiatique, mais cela n'a plus lieu quand on le regarde du dedans parce qu'alors on ne voit que sa partie pubienne. Il en est de même chez la *crécerelle*[1].

La présence du *droit interne* et l'absence du *demi tendineux* rapprochent le *martinet* des *rapaces*.

Le muscle se termine par une lame aponévrotique qui va s'insérer à la crête du bord interne du tibia, en s'insinuant entre le jumeau interne et le soléaire tibial.

Cette aponévrose d'insertion reçoit sur son bord supérieur une expansion de l'adducteur et son bord inférieur en envoie une au soléaire tibial.

L'*hirondelle* n'a pas de muscle *droit interne*, mais elle possède un *demi tendineux* qui s'attache à l'aile postérieure de l'iléon en arrière du biceps qui le recouvre à peine, passe sur le *carré* et le *fémoro-coccygien*, reçoit les fibres charnues d'un petit *accessoire fémoral* inséré sur le 1/4 distal de la ligne âpre et se termine par une aponévrose qui se fixe à la lèvre interne de la face interne du tibia entre le jumeau interne et le soléaire tibial.

L'absence du droit interne et la présence du *demi tendineux* éloignent l'hirondelle des rapaces.

L'engoulevent possède un *droit interne* et un *demi tendineux*. Le demi tendineux s'unit à la face profonde du droit interne, et le tendon commun s'insinuant sous le soléaire tibial va s'insérer sur le bord interne du tibia. Le demi tendineux a deux têtes dont l'une recouvre le fémoro-coccygien et lui forme une bride charnue. Il est pourvu d'un accessoire fémoral.

Chez le *martinet* le *biceps*, complètement à découvert, est un long triangle charnu dont la base s'attache au bord externe du post-iléon.

Il envoie en avant une lame aponévrotique qui se prolonge au delà du trochanter et va se confondre avec le fascia lata.

Le sommet du triangle se termine par un tendon qui se fixe au côté interne et postérieur du tubercule de la pointe du péroné.

---

1. *Essai*, pl. III, fig. 5, 8.

Le tendon se réfléchit sur l'anneau fibreux que lui fournit le *jumeau externe*[1].

Le *biceps* de l'hirondelle est à découvert comme celui du *martinet*.

Le *biceps* de l'engoulevent est recouvert par le *grand fessier*.

Le *biceps fémoral* se compose chez le martinet d'un *crural externe*, d'un *crural moyen* et d'un *crural interne*. Les trois faisceaux sont très forts. L'*externe* et le *moyen* se terminent avec le *couturier* dans l'enveloppe *fibreuse* du genou.

Le *crural externe* couvre la face externe du fémur au-dessus de la ligne âpre à partir de la base du trochanter ou de l'insertion du *carré*.

Les fibres charnues se rendent sur une aponévrose dont le bord externe figure un fort tendon qui va s'attacher à la tubérosité ou crête antérieure du tibia, en sautant la crête externe. Le reste se confond avec la capsule du genou.

Le *crural moyen* recouvre la face antérieure du fémur et la face interne jusqu'à la ligne âpre. Ses fibres se terminent sur l'enveloppe fibreuse du genou; les moyennes vont à la rotule et, par le tendon rotulien, à la tubérosité antérieure du tibia.

Le *crural interne* forme un faisceau séparé; c'est un fuseau charnu qui court le long de la face interne de la cuisse; ses fibres s'attachent à la ligne âpre entre le crural moyen et l'adducteur; elles se rendent sous une apparence pectiniforme sur un tendon qui contourne le côté interne du genou près du condyle interne du tibia et va se terminer sur la tubérosité interne de cet os au bord du condyle interne. On pourra au premier abord prendre ce muscle pour l'*ambiens* ou *contournant* qui n'existe pas chez le martinet.

Chez l'*hirondelle*, le *crural moyen* étend ses insertions proximales entre l'*iliaque interne* et le *petit fessier*, ainsi que sous le tendon du *carré*. Il recouvre la face antérieure et presque toute la face externe du fémur au-dessous du condyle externe. Il se termine par un large tendon qui s'insère sur la rotule et de chaque côté sur les bords supérieurs et latéraux des crêtes du tibia, l'ensemble formant la capsule du genou. Le *crural externe* s'attache aux trois quarts proximaux de la face externe du fémur en avant de la ligne âpre. Il se termine dans le quart

---

1. *Essai*, p. 440 et p. 450.

distal par un tendon qui se fixe à un tubercule de la tubérosité externe du tibia, le tendon, confondu par son bord interne avec l'aponévrose du crural moyen, forme le bord externe de la capsule du genou.

Le *crural interne* s'attache au-dessus de l'*adducteur* sur la lèvre supérieure de la ligne âpre. Il se termine par un tendon qui suit la courbure du bord de la tubérosité interne du tibia et se fixe au tubercule qui la limite.

Chez l'engoulevent, le crural externe n'est pas distinct du *crural moyen* avec lequel il forme un *vaste externe* volumineux qui couvre la face externe, la face antérieure et une partie de la face interne du fémur; le *fascia lata* se termine sur sa surface. Son bord externe forme un cordon tendineux qui va se fixer à l'angle externe de la crête antérieure du tibia. Il adhère par son bord inférieur au grand fessier. La partie moyenne se termine dans la capsule fibreuse du genou et sur la rotule.

Le *poplité* n'est représenté chez le martinet que par les fibres du ligament interosseux. Ceci semble être en rapport avec la brièveté du péroné qui néanmoins a les mêmes mouvements de rotation que chez les autres oiseaux [1].

Fɪɢ. XLV. — Poplité de l'engoulevent.

Fɪɢ. XLV.

Il y a chez l'*hirondelle* et l'*engoulevent* un muscle *poplité* formé par un petit triangle charnu inséré par son sommet sur la tête du péroné et par sa face profonde sur la partie proximale de la face profonde du tibia immédiatement au-dessous de l'articulation.

L'*extenseur commun* des doigts chez le martinet s'attache à la face antérieure du tibia dans ses trois quarts supérieurs, à la crête antérieure, à la crête externe et à la partie supérieure du péroné. Il devient tendineux dans le quart distal de la jambe. Le tendon qui apparaît sur la face superficielle, placé d'abord un peu en dedans de celui du jambier antérieur, le croise ensuite, se loge dans la gouttière intercondylienne creusée dans la

1. *Essai*, p. 445.

moitié externe de la face antérieure du tibia, passe, au fond de cette gouttière, sous un *pont osseux* formé par une petite lame plate dirigée de *haut en bas* et de *dedans en dehors*, se porte vers le condyle interne, traverse le *pertuis condylien* percé dans la lèvre antérieure de la facette articulaire interne de l'os canon, puis enfin poursuit sa marche en dedans du tendon du *jambier antérieur* jusqu'à l'extrémité de ce tendon. Dans cette portion proximale du canon, le tendon de l'*extenseur commun*, retenu par un *anneau fibreux* transversal, est recouvert par la tête externe de l'*extenseur du pouce* et recouvre l'*abducteur du second doigt*. A partir de l'anneau fibreux le tendon, changeant de direction, se porte de dedans en dehors vers la base du troisième doigt. Au commencement du tiers distal du métatarse, il se divise en trois tendons qui se rendent sur la face dorsale des trois doigts proprement dits. Il n'envoie rien au pouce. Le partage se fait d'abord en deux divisions dont l'une fournit le tendon du deuxième doigt, l'autre ceux du troisième et du quatrième.

Chez l'*hirondelle*, l'*extenseur commun* s'attache aux deux tiers proximaux de la face antérieure du tibia, aux deux crêtes, à la fosse qui les sépare et à la tête du péroné. La gouttière intercondylienne où le tendon va se loger au bas de la jambe, est moins rejetée en dehors que chez le martinet. Le tendon, après avoir passé sous le pont osseux, ne traverse pas un second pertuis osseux; il se réfléchit sous une bride fibreuse et se porte obliquement de dedans en dehors vers la base du troisième doigt. Un peu en arrière de cette base il se partage en trois divisions, une médiane qui se porte directement sur le troisième doigt et deux latérales plus grêles, une interne qui se porte obliquement sur la base du second doigt, une externe qui se porte obliquement sur la base du quatrième doigt et change de direction pour suivre la face dorsale de ce doigt, lequel est parallèle au troisième, lui étant réuni par une membrane dans toute la longueur de la première phalange.

Chez l'engoulevent, ce muscle se comporte à peu près de la même manière que chez l'hirondelle.

Le *jambier antérieur* a deux têtes. Chez le *martinet*, la *tête tibiale* s'attache à la crête antérieure, au bord de l'espace qui la sépare de la crête externe et enfin à la crête externe. La *tête fémorale* s'insère sur le bord antérieur du condyle externe du fémur en un point qui se trouve sur le pôle (au milieu) de sa courbure, par un tendon qui glisse dans une gouttière limitée par la crête externe et, vers le second quart de la jambe, s'unit à la tête tibiale.

Le tendon commun, qui s'isole vers la moitié de la jambe s'écarte en faisant une forte saillie, retenu par un anneau fibreux très solide inséré par ses deux extrémités au tibia, l'insertion interne étant placée plus haut que l'externe, en sorte que la direction du ligament est oblique de haut en bas et de dehors en dedans.

Chez l'*hirondelle la tête tibiale du jambier antérieur* s'attache à la tubérosité antérieure du tibia sous le *soléaire tibial* qui le recouvre un peu, à une petite partie du bord antérieur du tibia en recouvrant l'*extenseur* qui ensuite s'en sépare, puis à la tubérosité externe sous l'aponévrose du *long péronier*.

La *tête fémorale* s'attache à la lèvre du condyle externe du fémur dans la moitié inférieure de sa convexité, très près de la tête du péroné, par un tendon grêle qui glisse sur le condyle et est en arrière garni de fibres charnues.

Les deux têtes s'unissent dans le tiers proximal de la jambe, la masse commune devient tendineuse dans le tiers distal.

Chez l'*engoulevent*, la tête fémorale s'attache à la lèvre du condyle externe du fémur dans la moitié inférieure de sa convexité comme chez l'hirondelle et très près de la tête du péroné par un tendon grêle suivi d'un petit corps charnu. La tête tibiale a les mêmes insertions que chez l'hirondelle. Les deux têtes s'unissent entre le 8ᵉ et le 7ᵉ supérieur de la jambe. Le tendon commun commence un peu au-dessus du tiers inférieur.

Chez le martinet, l'hirondelle et l'engoulevent, le tendon après avoir passé sous l'anneau fibreux s'attache sans se diviser à une saillie unique de la base du métatarse.

Le *long péronier* ou *accessoire péronéal* du *fléchisseur perforé de la deuxième phalange du troisième doigt* n'existe pas chez le *martinet*, ce qui le distingue de l'*hirondelle* et de l'*engoulevent*.

Le *court péronier* est fort chez le martinet, il s'attache au péroné et à tout le bord externe du tibia. Son tendon terminal qui apparaît sur la face superficielle va se fixer sur la face externe de la crête externe du talon.

L'absence du long péronier chez le *martinet* coïncide avec celle du *muscle perforé de la deuxième phalange du troisième doigt* dont il est habituellement l'*accessoire*.

Le *long péronier* chez l'hirondelle recouvre le jambier antérieur dans le quart proximal de la jambe. Sur le condyle externe
du fémur il adhère au *jambier antérieur* et au fléchisseur de la
deuxième phalange du second doigt. Il s'attache aussi au tiers
proximal du péroné.

Son tendon terminal, qui apparaît dans le tiers inférieur de
la jambe, envoie un peu au-dessus du condyle inférieur externe
du tibia, une expansion sur la gaine du talon, passe obliquement sur le condyle, puis sur la crête externe du talon, descend
obliquement en dedans, traverse l'aponévrose et va s'unir au
tendon perforé de la deuxième phalange du troisième doigt
dont il est l'accessoire péronéal.

Le *court péronier*, qui est *très grêle*, s'attache au tiers proximal du péroné et se termine dans le tiers inférieur de la jambe
par un tendon qui va se fixer à la moitié antérieure de la face
externe de la crête externe du talon, en avant du tendon du
long péronier.

Chez l'*engoulevent*, le *long péronier* s'attache à la crête
interne du tibia, à la crête externe, au péroné, et au-dessous du
péroné, à la face externe du tibia. Il recouvre le *jambier antérieur* dans le quart supérieur de la jambe. Le reste est comme
chez l'hirondelle.

Le *court péronier* n'existe pas chez l'*engoulevent*, différence
remarquable avec l'hirondelle, qui a les deux muscles.

C'est le contraire de ce qui a lieu chez le martinet, qui possède un *court péronier*, mais n'a pas de *long péronier*.

Le *gastro-cnémien* est d'une force médiocre chez le martinet.
Les jumeaux sont faibles et le *soléaire tibial* n'est pas très développé.

Le *jumeau externe* est grêle. Il s'attache par une lame
fibreuse au fémur, immédiatement en arrière du condyle
externe et devient aussitôt charnu. Les fibres se portent sur la
face profonde d'une aponévrose qui commence dans le second
quart de la jambe, et, vers le milieu de celle-ci, se termine par
un tendon qui *s'insère isolément sur la partie externe du fibro-
cartilage du talon*.

L'extrémité proximale de ce muscle fournit l'*anse fibreuse du
biceps* [1], dont la branche externe, se continue avec la lame

---

1. *Essai*, p. 440 et p. 450

fibreuse qui s'attache au fémur, mais n'adhère aux fibres charnues que très près de l'insertion et dans une petite étendue; la branche interne se fixe au fémur, immédiatement au-dessus et en dedans de la branche externe.

Le *jumeau interne*, un peu plus fort que l'*externe* s'attache au fémur, derrière le condyle interne, dans le dernier sixième de la ligne âpre auprès du *long fléchisseur du pouce*. Il passe sous la face profonde du *droit interne* et va s'unir au *soléaire tibial*.

Le *soléaire tibial* s'attache à la crête antérieure du tibia, près de la rotule, et à la tubérosité interne. Il s'attache aussi au bord interne du tibia, sur la crête diaphysaire interne, avec le droit interne qu'il recouvre et qui le sépare du jumeau interne.

Vers le milieu de la jambe, il s'unit au jumeau interne et le faisceau commun se termine par un tendon qui s'insère *isolément sur la moitié interne du fibro-cartilage du talon sans se confondre avec le jumeau externe.*

Le martinet se trouve ainsi caractérisé par la dissociation des éléments du tendon d'Achille.

Fig. XLVI. *Martinet.* — Fig. XLVII. *Engoulevent.* — Fig. XLVIII. *Hirondelle.*

1. Jumeau externe. — 2. Tendon commun du jumeau interne et du soléaire tibial. — 3. Tendon d'Achille. — 4. Fibro-cartilage.

 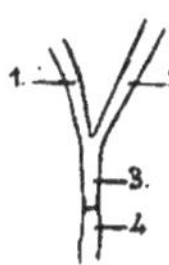 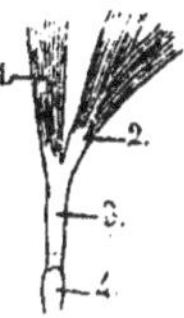

Fig. XLVI.   Fig. XLVII.   Fig. XLVIII.

Le fibro-cartilage du talon qui se moule sur la gouttière inter-condylienne envoie deux expansions latérales, une sur chacune des crêtes du talon, celle qui se rend sur la crête interne étant la plus forte. Ce fibro-cartilage recouvre la gaine fibro-cartilagineuse dans laquelle passent les tendons des muscles fléchisseurs des doigts.

Le *jambier postérieur* n'existe ni chez le martinet ni chez l'hirondelle, mais on le trouve chez l'*engoulevent* où il est formé par un petit triangle charnu attaché par sa base à la lèvre postérieure du condyle interne du tibia, au bord de l'articulation. Il n'est charnu que dans le quart supérieur de la jambe. Les fibres

se rendent sous une apparence penniforme sur un tendon très
grêle qui s'allonge sous la face profonde du jumeau interne, et
va s'insérer sur la partie interne du bord supérieur de la gaine
fibro-cartilagineuse, au commencement de la gouttière où glisse
le tendon d'Achille,

Fig. XLIX. — *Jambier postérieur de l'engoulevent.*

Fig. XLIX.

Le *jumeau externe* chez l'*hirondelle* s'attache au fémur par
deux têtes, dont l'une est en dehors, l'autre en dedans du tendon
du biceps. Elles adhèrent aux deux branches de l'anneau du
biceps qui, en réalité, leur appartient. L'insertion interne est
exactement recouverte par l'insertion externe. Elles se font en
haut de la partie postéro-externe du condyle externe du fémur.

Le *jumeau interne* s'attache au condyle interne du fémur, en
arrière et au-dessus de la surface articulaire, auprès de l'insertion fémorale du demi tendineux, à la face profonde duquel il
adhère, avant d'aller se terminer sur la face profonde du soléaire
tibial.

Le *soléaire tibial* s'attache à la tubérosité interne du tibia, à
la crête antérieure, et, par une expansion aponévrotique, à la
crête externe, en recouvrant le jambier antérieur. Il reçoit sur
son bord postéro-interne l'expansion du demi tendineux. Son
tendon s'unit à celui du jumeau externe, au milieu de la jambe,
pour former un *tendon d'Achille* d'une grande longueur qui se
termine sur le fibro-cartilage du talon.

Chez l'engoulevent, il y a comme chez l'hirondelle, un tendon
d'Achille, mais beaucoup plus haut.

Le *fléchisseur profond, commun ou perforant*, des doigts est
formé chez le martinet par une tête tibiale qui s'attache à la
face postérieure du tibia à partir du bord de l'articulation, ainsi
qu'à la face postérieure de la crête interne de la diaphyse et par
une tête péronière moins forte à la tête du péroné, au ligament

interosseux, au stylet du péroné et à la face postérieure du tibia au-dessous du péroné. L'union des deux têtes se fait vers le milieu de la jambe, où le muscle se termine par un tendon qui va se placer dans la partie la plus profonde de la gaine fibro-cartilagineuse du talon.

Le *fléchisseur profond* ou *perforant du pouce* est un gros faisceau charnu qu'il faut bien se garder de prendre pour un jumeau interne. Il s'attache à la ligne âpre du fémur entre les deux jumeaux dans tout l'espace qui sépare les deux condyles (espace d'ailleurs peu considérable). Vu du dehors il recouvre l'adducteur et touche presque la pointe du fémoro-coccygien. Il se termine dans le cinquième inférieur de la jambe par un fort tendon qui se place dans la gaine fibro-cartilagineuse un peu en dedans de celui du fléchisseur commun qu'il recouvre en partie. Dans ce point il présente un épaississement fibro-cartilagineux.

En sortant de la gaine, il se porte un peu en dehors, parcourt le tiers supérieur du canon, reçoit sur sa face profonde le tendon du *fléchisseur commun* qui se confond avec lui, puis émet un peu plus bas par son bord interne une division grêle qui se réfléchit sur un crochet et va gagner le pouce.

La masse commune, après avoir émis le tendon du pouce, se partage d'abord vers le milieu du canon en deux divisions dont l'une fournit le tendon du *deuxième* doigt, l'autre ceux du *troisième* et du *quatrième*. Ces tendons se portent sur la phalange terminale, mais avant de l'atteindre ils envoient une *expansion élastique* sur la tête de l'avant-dernière phalange.

En réalité, chez le martinet, le *tendon du muscle perforant du pouce* n'envoie au pouce qu'un cordon très grêle et forme la masse principale du tendon commun qui fournit des divisions aux trois doigts proprement dits.

Chez l'*hirondelle*, le *fléchisseur commun* s'attache au péroné, au ligament interosseux et à la moitié externe de la face postérieure du tibia (rien au côté interne).

C'est une masse charnue pectiniforme dont les fibres se rendent obliquement de haut en bas sur un tendon superficiel qui, devenu libre dans le tiers inférieur de la jambe, passe dans la partie la plus interne de la gaine fibro-cartilagineuse du talon et ensuite dans la gaine osseuse de la base du canon, puis se dirige obliquement de dedans en dehors vers la base du troisième doigt un peu en arrière de laquelle il se partage en trois divisions dont une plus forte pour le troisième doigt, la division interne se séparant un peu plus haut que la division externe.

Le *fléchisseur profond du pouce* est un faisceau charnu fusiforme qui s'attache à la face interne du condyle externe du fémur avec le faisceau profond du *fléchisseur perforé* et se termine dans le quart inférieur de la jambe par un tendon qui se place dans la gaine du talon en dehors de celui du *fléchisseur commun*, passe ensuite dans le pertuis externe de la gaine osseuse de la base du canon, se porte en dedans en croisant le fléchisseur commun qu'il recouvre et va trouver la base de la première phalange du pouce. Ce tendon chez l'hirondelle est indépendant et remarquable par sa force.

Chez l'*engoulevent,* le *fléchisseur commun des doigts* est formé par un faisceau qui s'attache à la face postérieure du péroné et du tibia, et qui se termine dans le quart inférieur de la jambe par un tendon un peu grêle qui se place dans la partie la plus profonde de la gaine du talon et va se terminer sur la face profonde du fléchisseur perforant du pouce.

Vers le milieu du canon, le tendon commun se partage d'abord en deux divisions dont la plus externe à son tour se partage plus loin en deux tendons qui vont au troisième et au quatrième doigts, tandis que la division la plus interne qui est très accentuée va au deuxième doigt.

Le *fléchisseur profond du pouce,* inséré sur le fémur comme chez l'hirondelle, se termine dans le quart inférieur de la jambe par un tendon long et grêle qui traverse la partie interne de la gaine moyenne et va s'unir vers la moitié du canon au fléchisseur commun à la surface duquel on peut suivre ses fibres jusqu'au point où se détache le petit tendon grêle qui s'engage sous un crochet et se rend au pouce.

Il y a dans l'union des deux fléchisseurs une ressemblance entre l'*engoulevent* et le *martinet* et une différence avec l'*hirondelle,* tandis que par la manière dont se fait la subdivision du tendon commun, l'engoulevent diffère à la fois de l'hirondelle et du martinet.

Fléchisseurs superficiels ou perforés. — Ces muscles chez le martinet ne présentent que trois tendons tandis qu'habituellement ils en fournissent cinq.

Ils sont d'ailleurs suivant la règle divisés en deux couches.

La *couche superficielle* se compose d'un seul corps charnu inséré sur la face externe du condyle externe du fémur en avant du *jumeau externe* et en arrière du *jambier antérieur*. Ce corps charnu se termine vers le milieu de la jambe par deux tendons A et B qui se rendent A, le plus externe, sur la troisième phalange du troisième doigt; B, le plus interne sur la deuxième phalange du second doigt.

La *couche profonde* se compose d'un seul corps charnu très faible qui ne fournit qu'un seul tendon C qui est le fléchisseur perforé du quatrième doigt.

Cette couche profonde a d'ailleurs deux têtes placées l'une en dedans, l'autre en dehors du tendon du biceps. Elles sont très grêles toutes les deux, mais comme elles sont à peu près égales, on peut dire que le martinet rentre sous ce rapport dans le type *homœomyen*[1] et par conséquent n'offre rien sous ce rapport qui le distingue de l'ensemble des passereaux.

La réduction chez le martinet du nombre des tendons fléchisseurs est en rapport avec la réduction du nombre des phalanges.

Les fléchisseurs perforés peuvent être désignés par les nombres 22, 33, 12, 23, 44 par lesquels nous indiquons les fléchisseurs de la 2ᵉ phalange du 2ᵉ doigt, de la 3ᵉ phalange du 3ᵉ doigt, et celui du 4ᵉ doigt (des quatre 1ʳᵉˢ phalanges du 4ᵉ doigt), les nombre 22, 33, appartenant à la couche superficielle, les nombres 12, 23, 44 à la couche profonde. Il n'y a chez le martinet que les muscles 23, 33 et 44.

Dans la gaine fibro-cartilagineuse du talon, les trois tendons perforés du martinet se placent en dedans du fléchisseur profond du pouce. Ils sont ainsi disposés: celui du quatrième doigt occupe à lui seul le plan le plus profond: les deux autres sont d'abord placés sur le même plan, celui du troisième doigt en dehors; puis ce dernier devient un peu plus superficiel. En sortant de la gaine fibro-cartilagineuse, celui du doigt interne se dirige en dedans, retenu d'abord par un petit anneau fibreux qui l'empêche de s'écarter, puis se portant sur le doigt interne il s'applique à la première phalange dans toute sa longueur et va se fixer à la base de la seconde phalange.

L'hirondelle et l'engoulevent possèdent les cinq fléchisseurs perforés dont deux appartiennent à la couche superficielle, celui

---

1. *Essai*, p. 466 et classification musculaire des vertébrés (*Centenaire de la Société philomathique*, 1888, p. 54).

de la troisième phalange du troisième doigt et celui de la seconde phalange du second doigt, et trois à la couche profonde, celui du quatrième doigt, celui de la seconde phalange du troisième doigt et celui de la première phalange du second doigt.

Chez l'hirondelle, le fléchisseur perforé (33) de la troisième phalange du troisième doigt, qui est ici le plus antérieur et le plus externe, s'attache à la face externe du condyle externe du fémur immédiatement en arrière du jambier antérieur et du long péronier, en avant du *jumeau externe* avec lequel il entre en contact dans une très petite étendue. Derrière lui se trouve immédiatement le *fléchisseur perforé* (22) de la deuxième phalange du deuxième doigt dont l'attache au condyle externe du fémur est un peu recouverte par le jumeau externe. Son tendon se place dans la partie la plus interne de la gaine du talon.

La couche profonde s'attache par sa tête interne à la face postérieure du condyle externe et à la branche interne de l'anneau fibreux du *biceps*, par sa tête externe à face externe du condyle, à la tête du péroné et à la branche externe de l'anneau fibreux. Les fibres parties de ces deux origines s'unissent pour former un seul muscle qui donne naissance à trois tendons, celui du doigt externe se rattache plus directement à la tête interne.

Les deux faisceaux de la couche profonde étant également bien développées, l'hirondelle réalise le type *homœomyen*.

Chez l'*engoulevent*, le faisceau externe attaché à la branche externe de l'anneau fibreux est *très grêle;* le faisceau interne plus fort est formé par deux têtes insérées l'une sur l'anneau fibreux, l'autre sur le condyle comme chez l'hirondelle. Par cette inégalité des deux faisceaux réalisant le type *entomyen*, l'engoulevent se rapproche des palmipèdes.

Les deux têtes du faisceau interne s'unissent aussitôt pour former un seul corps charnu qui au-dessous de l'anneau s'unit au faisceau externe; le muscle ainsi formé se partage dans le tiers inférieur de la jambe entre trois divisions tendineuses.

La disposition des tendons perforés est la même chez l'engoulevent que chez l'hirondelle si ce n'est que, le quatrième doigt n'ayant que quatre phalanges, son tendon a une division de moins.

Dans ces deux genres le *fléchisseur perforé profond* de la

deuxième phalange du troisième doigt reçoit l'*accessoire péronéal*
que l'on désigne sous le nom de *long péronier*.

Muscles courts du pied. Face dorsale.

Fig. L. — *Martinet.*

1. Court extenseur ou abducteur du pouce. — 2. Court abducteur du second
doigt. — 4. Court extenseur du troisième doigt. — 4. Court adducteur du quatrième doigt. — 5. Jambier antérieur.

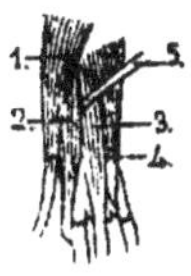

Fig. L.

Chez le martinet, l'*extenseur du pouce* a deux têtes; l'une
insérée sur la face dorsale auprès du *jambier antérieur* se porte
en dedans en recouvrant l'*extenseur commun*, l'autre insérée
sur la crête interne, la face dorsale au-dessous de cette crête et
un peu la face interne.

Les deux têtes se réunissent en un seul corps charnu terminé
dans le second tiers du canon par un tendon plat qui contourne
le canon, se porte obliquement sur la face dorsale du pouce,
envoie deux expansions latérales sur la base de la première
phalange et se continue jusqu'à la base de la deuxième.

L'*abducteur du deuxième doigt* est recouvert à son origine
par le tendon de l'*extenseur commun*. Il s'insère sous ce tendon
et en dedans du jambier antérieur sur la face dorsale du canon;
son corps charnu descend très bas et se termine par un tendon
qui va se fixer au côté interne de la base de la première phalange
du deuxième doigt.

Le *court extenseur du troisième doigt* s'insère sur la face dorsale
du canon immédiatement au delà du jambier antérieur, par des
fibres charnues qui se portent directement vers le troisième doigt
et se terminent par un tendon plat inséré sur la base de la première phalange.

L'*adducteur du quatrième doigt*, qui est très fort, s'attache
à la crête externe du talon, puis, en dedans de cette crête, en
dessus et en dessous du jambier antérieur, par des fibres charnues
qui se terminent dans le quart distal du canon sur un tendon
qui se porte obliquement en dedans vers le *pertuis inférieur*

externe qu'il traverse pour aller se fixer au côté interne de la base de la première phalange.

Face plantaire. — Le *court fléchisseur* (*fléchisseur perfore*) du pouce est très fort, il s'attache à la face interne et au bord intérieur de la crête interne, et, au-dessus de cette crête, à la face plantaire du canon par des fibres charnues auxquelles succède un tendon qui va s'insérer sur la base de la première phalange. Ce tendon forme un tube que traverse le tendon de la deuxième phalange.

L'*abducteur du second doigt* est également très fort ; il se fixe au côté externe (péronéal, interne par rapport à l'axe du pied) de la base de la première phalange du second doigt. Son insertion proximale se fait sur la face plantaire du canon, en dehors du fléchisseur perforé du pouce. Il n'y a pas de muscle plantaire pour le troisième doigt.

L'*abducteur* du quatrième doigt (abducteur par rapport à l'axe du pied aussi bien que par rapport au pied lui-même) s'attache au côté externe (péronéal) de la base de la première phalange.

Son insertion proximale se fait sur la crête, le bord externe et la face plantaire du métatarsien externe.

Les extrémités proximales de ces deux muscles se touchent sur la ligne médiane.

Cette description des muscles courts du pied convient à l'hirondelle et à l'engoulevent qui sont à cet égard conformes au type général des oiseaux [1].

Chez ces oiseaux, l'adducteur du pouce n'a que deux têtes et ils diffèrent par là des rapaces où il y en a trois.

Remarquons aussi l'absence d'un *adducteur transverse du pouce*, c'est-à-dire d'un muscle spécialement destiné à rapprocher le pouce des autres doigts.

Ce rapprochement se fait par les fléchisseurs, l'écartement par l'abducteur.

1. *Essai*, p. 445.

RÉSUMÉ

Les caractères distinctifs offerts par la myologie du martinet se trouvent principalement dans les membres.

Membres thoraciques. — L'aile du martinet se distingue par *l'absence du biceps* et du *brachial antérieur* qui existent chez l'hirondelle et l'engoulevent ; par l'absence du vaste externe qui manque aussi chez l'engoulevent, mais qui existe chez l'hirondelle ; par la présence d'un *faisceau accessoire du long fléchisseur de la deuxième phalange du second doigt*, faisceau qui est spécial au martinet.

L'*accessoire du coraco-brachial*, bien distinct chez le martinet et l'engoulevent, est confondu avec le coraco-brachial chez l'hirondelle où l'insertion humérale commune se fait par un seul tendon.

Le *grand dorsal* chez l'hirondelle et l'engoulevent se compose de deux longs faisceaux bien séparés et il y a un *tenseur de la membrane axillaire* faible chez l'hirondelle, plus fort chez l'engoulevent ; chez le martinet le tenseur de la membrane axillaire n'est représenté que par une aponévrose et le *faisceau trapézoïde du grand dorsal*, difficile à séparer, se compose d'un ruban charnu très étroit.

Le *système deltoïdien* est complet chez l'hirondelle qui possède un *os huméro-scapulaire*. Il est incomplet chez le martinet et l'engoulevent qui n'ont pas d'*os huméro-scapulaire*.

Le *moyen pectoral* ou *sus-épineux* a une disposition caractéristique dans chacun des trois genres.

Le *grand pectoral* a une disposition caractéristique chez le martinet qui, en outre, possède le muscle des parures absent chez l'hirondelle et l'engoulevent.

La partie *claviculaire du tenseur marginal de la membrane*

antérieure de l'aile est très développée chez le martinet et l'engoulevent, mais très réduite chez l'hirondelle où ce muscle est presque entièrement formé par un faisceau du peaucier.

Il reçoit aussi un faisceau du peaucier chez le martinet, mais il n'en reçoit pas chez l'engoulevent qui d'autre part reçoit sur son tendon un faisceau du biceps brachial.

Chez le martinet son tendon a une forme spéciale et son extrémité distale ne contient pas de rotule, tandis qu'il y a une *rotule radio-carpienne* très petite chez l'hirondelle, assez forte chez l'engoulevent.

La rotule du coude située dans le tendon du *long triceps*, est bien développée chez l'hirondelle et le martinet, absente chez l'engoulevent.

Dans les trois genres on remarque l'absence de rotule dans le tendon proximal du *cubital antérieur*.

Chez le martinet, disposition particulière de l'extrémité proximale du *long supinateur*, grande étendue de l'insertion humérale du long extenseur de la première phalange.

Présence chez l'engoulevent du *long abducteur du pouce* absent chez l'hirondelle et le martinet.

Rotule au niveau de l'articulation métacarpo-phalangienne dans le tendon extenseur de la deuxième phalange, chez le martinet; chez l'engoulevent et l'hirondelle, simple épaississement fibreux.

Rotateur des rémiges nul chez l'engoulevent,

Court abducteur de la main bifurqué dans les trois genres: la division interne insérée chez l'engoulevent sur les gaines des rémiges métacarpiennes.

Grand développement des aponévroses de l'avant-bras chez l'engoulevent.

Aponévrose métacarpienne spéciale et *ligament denticulé* chez le martinet.

Membre abdominal. Le muscle *droit interne* existe chez le martinet, manque chez l'hirondelle. — Le muscle *demi tendineux* manque chez le martinet, existe chez l'hirondelle. — Les deux muscles existent chez l'engoulevent.

Le *grand fessier* existe chez l'engoulevent, manque chez l'hirondelle et chez le martinet.

Le *poplité* manque chez le martinet; existe chez l'engoulevent et nirondelle.

Le *court péronier* manque chez l'engoulevent; existe chez l'hirondelle et chez le martinet.

Le *tendon d'Achille* est nul chez le martinet, court chez l'engoulevent, long chez l'hirondelle.

L'engoulevent et l'hirondelle possèdent les cinq fléchisseurs perforés 22, 33, 12, 23, 44.

Le martinet possède seulement les deux muscles perforés de la couche superficielle, 23, 33, et le muscle perforé 44 de la seconde couche ou couche profonde.

Les trois genres sont dépourvus de l'accessoire iliaque du fléchisseur perforé que je nomme le muscle *contournant*.

Les *muscles courts* sont les mêmes dans les trois genres où ils sont conformes au type général des oiseaux, si ce n'est que le tendon du jambier antérieur n'est pas divisé.

L'engoulevent qui présente plusieurs faits singuliers se rattache aux rapaces par les insertions costales de l'angulaire de l'omoplate, et par l'existence d'un accessoire du sous-scapulaire. Il diffère de l'ensemble des passereaux par le type *entomyen* de la seconde couche des fléchisseurs perforés qui le rapproche des palmipèdes.

La comparaison des muscles du martinet avec ceux de l'hirondelle et de l'engoulevent confirme ce que nous avons dit au sujet des caractères extérieurs et du squelette et offre même cette particularité d'ajouter aux caractères positifs plusieurs caractères négatifs.

DEUXIÈME PARTIE

THÉORIE DU VOL SAUTÉ

CHAPITRE PREMIER

DÉFINITION DU VOL SAUTÉ

Par un mouvement rapide et pour ainsi dire instantané, tandis que la main, par l'éventail de ses pennes, prend appui sur la masse de l'air, l'avant-bras s'étend brusquement sur la main et le bras en même temps s'étend sur l'avant-bras.

Il en résulte une pression sur l'épaule, pression qui s'exerce le plus généralement de bas en haut, de dehors en dedans et d'arrière en avant, pression qui par l'intermédiaire des os de l'épaule entraîne tout le corps de l'oiseau.

Dans ce mouvement, l'oiseau saute avec ses ailes et, comme nous y voyons le véritable mécanisme du vol, nous adoptons le nom de *vol sauté* que l'on peut opposer à d'autres expressions et particulièrement à celle de *vol ramé*.

Au moment où l'aile saute, elle n'est pas repliée ; elle offre déjà un degré plus ou moins grand d'extension, elle est étalée, mais son allongement n'est pas complet. En sautant elle achève de s'étendre. C'est une ligne flexueuse qui se redresse brusquement.

Le saut de l'aile est tellement rapide qu'il échappe aux regards ; c'est le *mouvement réel qu'on ne voit pas et qui explique les effets du mouvement apparent qui seul est visible.*

C'est un mouvement intrinsèque de l'aile coïncidant tantôt avec une immobilité apparente, tantôt avec un mouvement d'ensemble dans lequel il est dissimulé.

Ce n'est donc pas en frappant l'air avec ses ailes que l'oiseau vole, mais en étalant ses ailes et en sautant quand elles sont étalées. C'est par le saut des ailes que l'oiseau se lance comme une flèche.

Les sauts peuvent être dans un temps donné plus ou moins nombreux, plus ou moins rares, plus ou moins multipliés; quand ils se succèdent sans interruption, ils produisent nécessairement un mouvement accéléré.

Ils peuvent être exécutés dans des positions, et des orientations variées des ailes, dans un air calme, avec le vent, contre le vent.

Le mouvement se fait toujours dans le plan d'orientation des ailes dont la direction est celle du corps de l'oiseau; inclinée vers le haut quand l'oiseau monte, vers le bas quand il descend, horizontale quand il reste à la même hauteur.

Le *vol sauté* explique l'expression *voler à tire d'ailes*. Les ailes alors atteignent leur plus grande longueur.

Il explique des difficultés restées jusqu'à ce jour insolubles, le *vol à voile*, le *planer*, la *ressource*, les *mouvements tournants*, la *culbute*.

Il explique aussi le *vol ramé*. Car les ailes, après s'être relevées, s'abaissent d'abord pour prendre leur point d'appui et sautent au moment où elles achèvent de s'étendre.

Dans le *vol à voile*, l'oiseau se meut les ailes étendues *sans frapper l'air;* il avance, monte, descend, décrit des courbes parfois régulières. Le plus souvent les deux ailes se placent dans un plan oblique, l'une en haut, l'autre en bas, changeant alternativement de position par une sorte de balancement. Ces mouvements dont on cherche en vain la cause et qui ne sont pas dus, comme on l'a imaginé, à la pression du vent, sont expliqués par le saut de l'aile.

Dans le *planer* l'oiseau se maintient dans l'air à une certaine hauteur, les ailes étendues et en apparence immobiles ; mais il n'est pas sans mouvements, il saute de temps en temps, remonte ainsi et regagne la hauteur que son poids lui a fait perdre. Le planer en réalité n'est qu'une variété du vol à voile.

Dans la *ressource* l'oiseau se laisse tomber comme une masse inerte, comme un corps grave, la tête en bas et les ailes repliées. A un moment de sa chute il étend les ailes, *saute* et remonte. Le saut de l'aile, dans ce cas particulier, nous fait comprendre ce qu'on n'a pu expliquer jusqu'ici que par un *ricochet*.

Le *vol sauté* permet aussi de saisir avec une grande facilité le mécanisme des mouvements tournants. Il suffit pour faire tourner l'oiseau qu'une des deux ailes saute avec plus de force en appliquant à l'épaule une pression plus énergique. Pour tourner à droite l'oiseau saute plus fort avec l'aile gauche, pour tourner à gauche il saute plus fort avec l'aile droite. Il pousse ainsi tantôt à droite, et tantôt à gauche le devant de son corps.

Les mouvements tournants ne dépendant que du saut de l'aile, on comprend que l'aile elle-même puisse alors affecter par rapport au tronc des positions variées.

Les changements brusques de direction que l'on nomme des *crochets* s'expliquent de la même manière.

La *culbute* n'est pas un résultat du mouvement des ailes. Il suffit pour l'expliquer de concevoir qu'au moment où l'aile donne l'impulsion à la masse du corps, la tête s'abaisse en même temps que la queue.

Le *vol ramé* peut sembler au premier abord en contradiction avec le *vol sauté;* mais il n'en est rien. Dans le *vol ramé,* l'oiseau saute parce qu'il ne peut pas faire autrement. L'aile en effet s'abaisse pour prendre son point d'appui et, au moment où elle achève son abaissement, elle *achève nécessairement de s'étendre; en achevant de s'étendre, elle saute.*

Dès lors, nous pouvons dire que les ailes étendues soutiennent l'oiseau, mais que ce ne sont pas les battements des ailes qui le font avancer, qui déterminent ses mouvements progressifs dans une direction voulue. Au mot *coup d'aile,* on doit substituer le mot *coup d'épaule.*

Ce n'est pas la violence des battements qui fait que l'oiseau prend son essor.

On peut voir des oiseaux dont les pieds touchent le sol battre l'air par des coups vigoureux sans pourtant arriver à s'élever; mais, s'ils ont d'abord étalé leurs ailes, ils s'envolent à l'instant.

Les battements répétés ont souvent pour effet de ralentir le vol ou de l'arrêter.

Beaucoup d'oiseaux quittent le sol en sautant avec leurs pattes et en imprimant ainsi à leur corps un premier mouvement progressif. Chez ces derniers le saut des ailes continue ce qui a commencé par le saut des pattes.

Il résulte aussi de ces faits que le *vol sauté* se trouve d'accord avec le *vol silencieux,* puisque le saut de l'aile ne provoque pas de bruit par lui-même.

. **En** résumé les mots *vol à voile* et *vol ramé* n'expriment que des apparences; ils indiquent seulement l'aspect de l'aile au moment où elle saute.

L'idée de comparer les ailes à des rames se présente naturellement à l'esprit, et pourtant les ailes ne rament pas. Tandis que les rames pressent l'eau d'avant en arrière, les ailes s'abaissent de haut en bas en présentant leur face inférieure en avant, c'est-à-dire de manière à produire une impulsion en sens inverse.

Elles n'agissent pas non plus comme les bras d'un nageur, le nageur se servant de ses bras principalement pour se soutenir, et donnant l'impulsion avec ses jambes qui souvent agissent seules sans le secours des bras.

Les ailes ne sont donc pas des rames; il ne faut plus parler de coups d'ailes, il ne faut plus donner aux plumes du bout de l'aile le nom de *fouet*, car elles ne fouettent pas. On peut dire seulement que les ailes s'abaissent avec rapidité pour trouver un point d'appui.

L'idée du *vol ramé* est donc en contradiction avec les faits. Pour échapper à cette contradiction l'on a supposé des résultats imaginaires. On a dit que l'aile en frappant de haut en bas pousse l'oiseau en avant; mais l'aile ne frappe pas directement de haut en bas.

Le *vol sauté* résout cette contradiction. L'aile regardant obliquement en avant prend un point d'appui plus solide et saute mieux. C'est donc le *saut* qui produit le mouvement progressif en avant.

On pourrait, il est vrai, opposer à ces considérations un argument emprunté à l'anatomie. Si les battements des ailes n'ont pas cette importance, pourquoi donc le *grand pectoral* est-il si développé chez les oiseaux qui volent le mieux? Pourquoi est-il d'autant plus réduit que les oiseaux volent moins bien?

C'est d'abord que le *grand pectoral* a d'autres usages. Il soutient le corps de l'oiseau suspendu aux ailes étalées, le maintient en équilibre, l'empêche de pivoter, règle sa position, résiste à la pression de l'air, à la force du vent, fixe le sternum sur lequel la cage thoracique prend son point d'appui en s'élevant et en s'abaissant dans les mouvements respiratoires. Il a aussi un rôle prépondérant dans l'abaissement de l'aile; par la rapidité du mouvement qu'il lui imprime, il produit la condensation de l'air et augmente sa résistance qui est d'autant plus grande qu'il est repoussé avec plus de vitesse et de force.

L'aile ayant besoin d'un point d'appui, ce point d'appui sera d'autant plus résistant.

Si donc nous envisageons le rôle du *grand pectoral* dans ses diverses variétés, nous voyons que son développement n'est pas moins utile dans le vol à voile que dans le vol ramé. Or, dans le vol à voile il ne s'agit pas des coups d'ailes.

Quant au muscle *releveur de l'aile* (*moyen pectoral, surépineux*), inséré sur le bouclier sternal, et aux deux muscles *rotateurs* (*coraco-brachial* et *son accessoire*), attachés au sternum et au coracoïdien, leur action n'étant pas relative à l'abaissement de l'aile, leur développement ne peut pas fournir un argument contre le *vol sauté*.

On peut d'ailleurs, à l'argument tiré du développement du *grand pectoral*, en opposer une autre fourni par le développement des muscles *extenseurs du bras, de l'avant-bras et de la main.*

Cela est surtout remarquable chez le *martinet* que nous pouvons prendre pour exemple et qui nous offre pour l'avant-bras, en regard de la réduction des muscles *fléchisseurs*, un véritable luxe de muscles *extenseurs*. Parmi les *fléchisseurs*, absence du *biceps* et du *brachial antérieur*. Parmi les *extenseurs*, force considérable du *vaste interne*, large insertion humérale de l'*extenseur de la première phalange*, présence d'un *faisceau huméral exceptionnel* formant une seconde tête au *fléchisseur* (devenu *extenseur*), *de la deuxième phalange*.

Il y a ici deux manières de voir opposées.

Dans la première, que j'ai soutenue autrefois[1], l'aile complètement étendue forme une tige rigide qui obéit dans son ensemble au grand pectoral et reste inflexible pendant tout le temps de l'abaissement.

Dans la deuxième que je propose aujourd'hui, l'aile n'a pas besoin de cette rigidité. Son extension ne devient complète qu'au moment où elle saute.

Suivant que l'on adopte l'un ou l'autre de ces deux points de vue, l'action des muscles extenseurs est envisagée d'une manière différente. Dans la première théorie, ils maintiennent l'aile étendue par une *force de situation fixe ;* dans la deuxième théorie, ils produisent une extension brusque, instantanée, qui

---

1. *Essai*, p. 540 et suivantes.

n'a pour ainsi dire pas de durée, et cette action rapide est obtenue par la contraction simultanée d'un ensemble de faisceaux musculaires.

C'est en se plaçant à l'ancien point de vue qu'on a été conduit à ces calculs qui ont donné des chiffres fabuleux pour exprimer la puissance des muscles et la résistance des pennes. En se plaçant à notre point de vue actuel, on évite ces exagérations qui deviennent absolument inutiles.

L'extension des ailes suffit pour tenir l'oiseau suspendu dans l'air. Les ailes sont de véritables parachutes, l'oiseau qu'elles soutiennent ne peut tomber que lentement, leurs sauts interrompent sa descente et le font remonter.

CHAPITRE II

MECANISME DU VOL SAUTE

Ce chapitre complète et corrige ce que j'ai développé dans
l'*Essai sur l'appareil locomoteur des oiseaux*.

Je sépare du tronc l'aile d'un oiseau. Sur cette aile détachée,
je fléchis l'avant-bras sur le bras, et je vois qu'en même temps la
main se fléchit sur l'avant-bras ; j'étends l'avant-bras sur le bras
et je vois qu'en même temps la main s'étend sur l'avant-bras. En
sens inverse je fléchis l'avant-bras sur la main et le bras se
fléchit sur l'avant-bras ; j'étends l'avant-bras sur la main et le
bras s'étend sur l'avant-bras.

Ces mouvements associés, dont la réalité ne peut être con-
testée, sont la conséquence nécessaire des dispositions anatomiques.

Ils sont dus à l'*élongation des os de l'avant-bras*.

*L'élongation des os de l'avant-bras produit ce résultat que par
une nécessité inéluctable, quand l'avant-bras se fléchit, ou s'étend
sur le bras, la main se fléchit ou s'étend sur l'avant-bras, et réci-
proquement si l'avant-bras se fléchit ou s'étend sur la main, le bras
se fléchit ou s'étend sur l'avant-bras.*

Énonçons d'abord plusieurs faits dont nous donnerons la
démonstration :

1° L'aile s'étend et se fléchit toujours dans son ensemble ;

2° L'aile se tord en se fléchissant, se détord en s'étendant ;

3° Le bras et l'avant-bras ne se meuvent pas dans le même
plan.

Dans le vol sauté l'humérus, en passant de la flexion à l'extension, fait son mouvement de bas en haut, tandis que l'avant-bras fait son mouvement de bas en haut et d'arrière en avant.

I

Nous posons en principe que l'*aile s'étend et se fléchit toujours dans son ensemble*.

En effet, le mécanisme du vol sauté repose avant tout sur le mouvement d'*élongation* des os de l'avant-bras, c'est-à-dire sur le mouvement que le radius et le cubitus exécutent l'un sur l'autre dans le sens de leur longueur[1].

Nous ne nous bornons pas à considérer l'*élongation* comme un fait accessoire accompagnant et modifiant la flexion et l'extension de l'avant-bras sur le bras et de la main sur l'avant-bras, nous y voyons l'agent principal de ces mouvements.

L'*élongation du radius et du cubitus* est une conséquence de la disposition des articulations du coude et du poignet.

En effet la surface articulaire cupuliforme du cubitus qui répond à la grande cavité sigmoïde des mammifères est taillée très obliquement et s'étend beaucoup sur la face palmaire.

Dans la flexion, cette surface restant appliquée à la convexité de la facette humérale en forme de condyle ellipsoïde qui correspond à la trochlée, son bord coronoïdien se rapproche du corps de l'humérus en produisant un raccourcissement apparent du cubitus par un *mouvement centripète*.

Pendant que le cubitus est attiré vers la diaphyse humérale par ce mouvement *centripète*, le radius est au contraire repoussé par un mouvement *centrifuge* de manière à présenter une apparence d'allongement.

L'extrémité proximale du radius reste appliquée à l'humérus, mais, glissant dans la petite cavité sigmoïde du cubitus, elle s'éloigne de la grande cavité sigmoïde pendant que l'extrémité distale s'avance au delà de la petite tête du cubitus dont elle contourne la convexité.

La totalité du radius est ainsi déplacée dans le sens de sa longueur.

---

1. *Essai*, p. 339.

Pendant tout ce mouvement la tête du radius ne cesse pas d'être appliquée au condyle de l'humérus sur lequel elle glisse de dehors en dedans.

Dans ce mouvement d'élongation *centrifuge*, le radius pousse l'os radial du carpe, lequel fait basculer le métacarpe qui exécute ainsi sur l'avant-bras un mouvement de flexion latérale.

En revenant à l'extension la grande cavité sigmoïde du cubitus s'applique par sa partie postérieure à la face postérieure de la trochlée et le cubitus regagne ainsi toute la longueur qu'il perd en apparence dans la flexion. Il subit ainsi un mouvement d'*élongation centrifuge* en même temps que sa rotation sur son axe le ramène en supination.

L'élongation du cubitus se fait donc de *la main vers le bras dans la flexion, du bras vers la main dans l'extension*.

C'est l'opposé pour le radius. Poussé vers l'humérus dans un mouvement *centripète,* il se meut en sens inverse et tire à lui l'os radial du carpe qui vient reprendre sa place et, avec l'aide de l'os cubital auquel il est relié par un ligament très fort, fait basculer en sens inverse le métacarpe en le ramenant à l'extension.

L'élongation du radius se fait donc *du bras vers la main dans la flexion, de la main vers le bras dans l'extension*.

On peut envisager l'élongation sous deux aspects :

Premier aspect. — L'avant-bras se fléchit sur le bras et la main se fléchit sur l'avant-bras, l'avant-bras s'étend sur le bras, et la main s'étend sur l'avant-bras; c'est un mouvement *excentrique* ou *centrifuge*.

Deuxième aspect. — C'est un *mouvement concentrique* ou *centripète* qui ne concerne que l'extension.

L'avant-bras s'étend sur la main, et le bras s'étend sur l'avant-bras. C'est sous ce dernier aspect que nous envisageons l'extension de l'aile dans le *vol sauté*.

L'extrémité distale de l'humérus est alors pressée entre le radius appliqué à la face palmaire qui le repousse et le cubitus appliqué à la face dorsale qui le retient; cette double pression fait basculer l'humérus et relève son extrémité proximale. C'est ainsi qu'on fait basculer un crayon dont on presse le bout entre le pouce et l'index.

La flexion et l'extension des trois segments de l'aile sont donc dans une dépendance réciproque. Elles se font pour tous les trois à la fois et en un seul temps ; l'aile s'étale et se replie dans son ensemble par un seul mouvement que n'altère pas la faculté qu'ont les doigts de s'étendre et de se fléchir sur le métacarpe, de tourner plus ou moins sur leur axe.

En résumé, *l'aile s'étend et se fléchit toujours dans son ensemble.*

L'élongation produit aussi un résultat sur lequel nous reviendrons, c'est de *convertir l'ensemble du bras et de l'avant-bras en un levier coudé.*

Cette remarque est importante au point de vue de l'action des muscles.

L'élongation ne se fait que dans une petite étendue, mais comme les extrémités articulaires sont au sommet de deux angles, l'étendue de la flexion et de l'extension est mesurée par l'écart des côtés de ces angles, écart qui est toujours proportionnel à l'étendue de l'élongation.

II

L'élongation se combine avec la torsion des articulations du coude et du poignet.

L'aile se tord en se fléchissant, se détord en s'étendant. Les phalanges participent à la torsion en tournant dans le même sens.

La torsion du coude et du poignet est due, en partie, aux *mouvements de latéralité* du radius qui accompagnent l'élongation.

En effet, pendant la flexion, l'extrémité proximale du radius, glissant sur le condyle allongé de l'humérus, se porte de dehors en dedans ; en revenant à l'extension, elle se porte de dedans en dehors. Pendant la flexion, le mouvement de latéralité du radius imprime au cubitus un mouvement de rotation sur son axe qui produit une véritable pronation du cubitus[1].

Le mouvement de latéralité exécuté par l'extrémité proximale du radius fait aussi que l'extrémité distale s'incline en sens inverse.

A cela, il faut ajouter une véritable torsion du poignet qui se fait par l'intermédiaire des os du carpe et d'où il résulte que le

1. *Essai*, p. 328 et 5.

métacarpe dans son mouvement de flexion latérale, croise le cubitus en appliquant sa face dorsale à la face palmaire de celui-ci, tandis qu'en revenant à l'extension, cette face dorsale se remet en continuité avec la face dorsale de l'avant-bras.

Il résulte de la torsion et de la détorsion de l'aile que, lorsque l'aile se tord et se replie, les pennes de la main vont se cacher sous les pennes de l'avant-bras, et que, lorsque l'aile se détord et s'étend, toutes les pennes se disposent sur une surface continue, on pourrait dire sur un même plan si la surface n'était pas convexe à son côté dorsal, concave à son côté palmaire.

Dans la flexion, le cubitus est en pronation, dans l'extension il est en supination. Il en résulte que dans la flexion les rémiges cubitales se relèvent et qu'elles s'abaissent dans l'extension. Leur face palmaire regarde alors plus en avant et, la pression qu'elles exercent sur la masse de l'air étant plus prononcée, elles fournissent un point d'appui plus efficace ; tandis que la face dorsale se dérobant à la pression de l'air, n'en provoque pas la résistance.

III

Dans le saut de l'aile le mouvement du bras et celui de l'avant-bras ne se font pas dans le même plan.

Puisque l'aile, au moment où elle saute, se trouve dans une extension incomplète, et qu'en sautant elle achève seulement de s'étendre, il faut d'abord se rappeler la manière dont elle est posée en ce moment [1]. Il résulte en effet de la forme de la tête humérale et de la cavité glénoïde scapulo-coracoïdienne que, lorsque l'aile est étalée, la face postérieure de l'humérus correspond à la face dorsale de l'aile coïncidant avec la face dorsale du tronc, et si cette face dorsale du tronc regarde en haut, la face postérieure devenue dorsale de l'humérus regarde aussi en haut.

D'où il suit, que le coude se trouve au sommet de la voûte convexe en dessus, concave en dessous constituée par l'aile.

Alors l'humérus est dirigé, à partir du coude, de haut en bas et de dehors en dedans, l'avant-bras de haut en bas, et de dedans en dehors, et la main dans le même sens.

1. *Essai*, p. 326.

L'aile est alors disposée comme le membre antérieur d'un saurien.

Les trois segments se trouvent encore plus ou moins fléchis les uns sur les autres ; la flexion de l'humérus sur l'avant-bras est plus prononcée que celle de l'avant-bras sur le bras et celle de l'avant-bras sur la main. Mais dans le mouvement de l'avant-bras le coude se porte en avant.

Il est bien important de ne pas perdre de vue, la position de ces parties ; car si on se figurait l'humérus autrement placé, on devrait lui attribuer un mouvement de recul qui n'existe pas.

<h2 style="text-align:center">IV</h2>

Étudions maintenant en détail la manière dont se fait l'extension de l'aile au moment où elle saute.

Supposons l'aile étalée, mais non complètement étendue, les divers segments légèrement fléchis les uns sur les autres.

L'aile s'appuie principalement, par le secours du deuxième doigt ou du moins des trois rémiges digitales fixées immobiles dans les alvéoles des phalanges. Les pennes métacarpiennes et cubitales étant flottantes ne fournissent pas le même appui, mais elles augmentent l'étendue du parachute. Ceci explique pourquoi l'intégrité des pennes digitales est nécessaire ; pourquoi elles se distinguent par leur force et par leur forme.

Le deuxième doigt prenant son appui, le métacarpe s'étend sur ce doigt et le poignet se porte en avant.

En même temps, l'avant-bras s'étend sur le métacarpe et le coude se porte en haut et en avant.

Le bras est ainsi poussé en avant. Comme dans le même moment, le bras s'étend sur l'avant-bras, son extrémité proximale est poussée en haut, mais comme le bras suit l'impulsion donnée par l'avant-bras, l'épaule est poussée en haut et en avant.

Dans tout le mouvement l'aile, dans son ensemble s'appuie par l'éventail de ses pennes qui ne pose sur la même masse d'air que pendant un temps d'une durée imperceptible, ce qui tient au glissement de chacune des parties de l'éventail.

L'extrémité distale formée par les pennes digitales, s'écarte nécessairement du tronc de l'oiseau. D'où un glissement de dedans en dehors de toutes les pennes, lequel existe seul pour les pennes digitales.

Les autres pennes ont en outre un glissement d'arrière en avant. Par suite de ces glissements et du peu de durée du mouvement, le temps pendant lequel l'aile en sautant s'appuie sur la même masse d'air, est réduit à un chiffre infinitésimal.

Lorsqu'il y a une vitesse acquise, le chiffre est encore diminué et par conséquent l'appui que l'aile trouve sur la masse de l'air s'accroît progressivement.

ACTION DES MUSCLES DANS LE VOL SAUTÉ

L'extension brusque de l'avant-bras sur la main et du bras sur l'avant-bras, d'où résulte le saut de l'aile est due en partie à une action directe des muscles extenseurs, en partie à une action indirecte exercée par l'intermédiaire de l'*élongation*.

Ainsi le *triceps brachial* n'agit pas seulement comme extenseur, il concourt aussi à l'*élongation* qui accompagne l'extension du bras et en même temps à la *détorsion* du coude dont la *torsion* et la *détorsion* expliquent la présence d'une *rotule* dans le tendon de la longue portion de ce muscle.

L'élongation étant inséparable de l'action du triceps, ce muscle contribue pour sa part à transformer l'ensemble du bras et de l'avant-bras en un *levier coudé*.

Le résultat de cette transformation en un *levier coudé* se voit facilement dans l'action du *long supinateur* qui sans cette transformation ferait fléchir le bras sur l'avant-bras tandis qu'il produit l'extension sur la main de l'ensemble du *levier coudé*.

Les muscles *élongateurs* qui contribuent directement à ramener le radius vers l'extrémité proximale du cubitus sont le *court supinateur*, les deux *ronds pronateurs*, le *carré pronateur* et, chez l'engoulevent, le *long abducteur*.

Le *court supinateur*, n'agissant que dans le sens de l'extension, ne sert ici qu'à ramener la tête du radius sous le tubercule externe du condyle huméral.

Les *ronds pronateurs*, qui agissent aussi dans la flexion, concourent très efficacement à l'extension en tirant le radius dans le sens de sa longueur.

Chez le martinet où ces trois muscles sont très développés

surtout les deux ronds pronateurs, le *carré pronateur* est encore plus remarquable par son volume et par sa force et, comme son insertion proximale se fait tout entière sur le cubitus, *il sert exclusivement à l'élongation*. En tirant sur la base du métacarpe, il agit sur l'os radial du carpe et, par l'intermédiaire de celui-ci, sur le radius, en même temps que, par son insertion sur le métacarpe et son enroulement dans la gouttière de l'os radial, il aide puissamment l'aile à se détordre. Il a donc un rôle spécial dans la détorsion du poignet et dans l'élongation centripète du radius et c'est véritablement le *muscle de l'élongation*.

Le *long abducteur du pouce* qui existe chez l'engoulevent, mais qui manque chez l'hirondelle et chez le martinet, concourt aussi à l'élongation, mais, comme il s'insère sur le radius, il agit indirectement comme le long supinateur dont il est l'*accessoire radial*.

En résumé l'élongation centripète du radius se fait par les muscles *triceps brachial, anconé, cubital postérieur, long supinateur, long abducteur* (chez l'engoulevent), *extenseurs des doigts, fléchisseurs devenus extenseurs, ronds pronateurs* et par le *muscle élongateur*.

La flexion des différents segments de l'aile se fait en partie par des muscles, en partie par des ligaments élastiques.

Les pennes sont reliées par des ligaments élastiques; ces ligaments les rapprochent quand l'aile se replie et servent, quand l'aile s'étend, à étaler leur éventail.

Les pennes étant imbriquées de telle sorte que leurs fanions internes sont cachés sous les pennes suivantes, ces fanions, quand l'aile s'abaisse ou quand elle s'avance en glissant, sont appliqués de telle sorte que l'air qui presse de bas en haut trouve un obstacle infranchissable. Mais quand l'aile se replie, les pennes métacarpiennes et surtout les pennes digitales peuvent tourner sur leur axe et l'air qui presse de haut en bas peut passer entre les fanions.

Dans l'extension *le rotateur des rémiges* rend plus intime l'application des fanions des pennes cubitales.

Action combinée de tous les extenseurs de la main attachés à l'humérus (long supinateur, extenseurs, fléchisseurs devenus extenseurs).

Quand ces muscles agissent pour produire le saut de l'aile,

ceux du côté palmaire ne font pas fléchir le bras sur l'avant-bras, leur action étant neutralisée par celle du triceps brachial et surtout par l'*élongation* qui convertit l'ensemble du bras et de l'avant-bras en un *levier coudé* où l'étendue de l'extension du bras sur l'avant-bras est mesurée par l'ouverture de l'angle qui est proportionnelle à l'étendue de l'élongation.

Les fléchisseurs eux-mêmes, tirant sur les deux extrémités du levier, le maintiennent dans l'extension en concourant pour leur part à l'élongation centripète du radius.

Pour mieux fixer les idées, je prends pour exemple le *long supinateur*. Ce muscle, inséré par une extrémité sur le tubercule supérieur de l'épicondyle, par son autre extrémité sur le méta-carpe, est disposé pour fléchir le bras sur l'avant-bras, mais comme, en tirant sur le métacarpe, il produit l'*élongation con-centrique du radius*, l'humérus fixé par la tête du radius ne peut pas se fléchir et le muscle agissant sur l'ensemble du levier produit son extension sur la main.

Le point fixe étant alors au poignet, la résistance à l'épaule et la puissance agissant sur le tubercule supérieur de l'épicon-dyle (placé chez le martinet à la moitié de l'humérus) le bras est tiré en avant et entraîne l'avant-bras.

Tous ces muscles agissent donc à la fois pour produire l'exten-sion. Les extenseurs des phalanges, les fléchisseurs (devenus extenseurs) de ces phalanges et les interosseux y contribuent en étendant le métacarpe sur les doigts.

L'extension de l'avant-bras sur la main n'influe pas sur la direction de la tête de l'humérus, puisque c'est l'ensemble du levier coudé qui est tiré en avant.

V

L'aile, après avoir sauté, se détend. Un commencement de flexion suffit pour qu'elle puisse sauter de nouveau et les sauts peuvent se rapprocher et se multiplier au point de produire, pour employer le langage de Barthez, une véritable trépidation. Il en est ainsi dans le *vole à voile* et dans le *planer* où les sauts peuvent être tantôt très rares, tantôt très nombreux.

Dans le *vol ramé*, c'est-à-dire dans le cas où les ailes semblent ramer, l'aile, après avoir sauté, a son extrémité en bas et en arrière, puisque l'épaule s'est portée en haut et en avant. En se relevant elle fend l'air et s'avance en glissant; elle ne repousse pas l'air par sa face dorsale.

Après s'être relevée, elle s'abaisse en portant son extrémité en avant et en bas pour aller chercher son point d'appui.

Les mouvements dans le vol ramé ont besoin d'être nombreux, les fonctions du parachute s'interrompant à chaque saut; ils ont besoin de se répéter plusieurs fois par seconde, mais leur nombre est limité, ils ne peuvent pas arriver à la trépidation.

Les battements ont besoin d'être d'autant plus nombreux que l'oiseau plane moins, que les ailes sont moins longues et moins étendues.

Le point d'appui est d'autant mieux établi que les ailes sont plus longues.

On a exagéré le rôle de la rotation des rémiges pendant que l'aile se relève en disant que cette rotation favorise le passage de l'air qui presse de haut en bas; car cette rotation n'est bien prononcée que pour les pennes cubitales et dans la flexion complète. Elle est très faible pour les pennes métacarpiennes et nulle pour les pennes digitales qui ne peuvent tourner qu'avec les phalanges où elles sont fixées.

Le muscle rotateur des rémiges, quoiqu'annexé à un muscle fléchisseur (le cubital antérieur), n'agit que dans l'extension en appliquant le fanion interne d'une rémige cubitale à la face palmaire de la rémige qui la suit.

Je n'insiste pas sur les aspects variés que l'aile présente pendant sa révolution, aspects si bien décrits par Marey qui, grâce aux instruments ingénieux dont il est l'inventeur, a su photographier dans leur détail les mouvements apparents et substituer des images réelles à des schémas imaginaires.

VI

Le mécanisme que nous venons d'exposer ne s'applique pas seulement au vol horizontal. On peut l'étendre au vol ascendant et au vol descendant.

Il n'y a aucune difficulté pour le vol oblique en haut. Mais il est plus difficile de concevoir la production d'un mouvement direct de bas en haut. Comment alors l'aile, dont la face palmaire regarde en avant peut-elle trouver un point d'appui?

On peut ici faire intervenir la rotation des rémiges digitales, c'est-à-dire des phalanges qui les portent.

On peut encore invoquer le rôle des rémiges de l'appendix ou rémiges bâtardes, au nombre de 2 chez le martinet, l'hirondelle et l'engoulevent, fixées à la phalange du pouce qui peut tourner sur son axe. En s'écartant du métacarpe et en tournant leur face palmaire en divers sens, elles peuvent fournir à l'aile le point d'appui désiré.

On comprend alors l'utilité des rémiges bâtardes dont on n'a pu voir le rôle que dans les mouvements tournants du vol à voile.

Or, dans la théorie du vol sauté les mouvements tournants, même ceux du vol à voile, s'expliquent tout naturellement d'une autre manière et d'autre part l'utilité des rémiges bâtardes ne s'explique pas à un autre point de vue.

VII

Les effets du saut de l'aile peuvent être modifiés par les mouvements de la tête, par ceux de la queue et par les variations du centre de gravité.

Dans les mouvements tournants, la tête se tourne dans la direction nouvelle.

La culbute n'est pas produite par le mouvement des ailes, on peut l'expliquer en disant que la tête et la queue s'abaissent au moment où l'oiseau saute.

Les mouvements de la queue ne font rien à eux seuls, mais ils modifient un mouvement commencé, en faisant basculer le corps de l'oiseau soit en haut, soit en bas.

Si la queue se relève, le devant du corps se porte en haut; si la queue s'abaisse, le devant du corps se porte en bas. C'est l'effet de la résistance de l'air pendant le mouvement progressif.

La longueur des pennes caudales a pour effet de produire l'inclinaison du tronc avec de faibles inclinaisons de la queue.

La queue bifurquée, en laissant un vide dans la direction de l'axe du corps, donne un rôle prépondérant aux pennes latérales.

Il n'est pas certain que la queue influe sur les mouvements tournants, et ce n'est pas elle qui les produit, mais elle peut se disposer de manière à ne pas les contrarier.

L'oiseau étale sa queue dans sa totalité, jamais partiellement. Car le ligament transverse de la queue va depuis la rectrice la plus externe d'un côté jusqu'à la rectrice la plus externe de l'autre côté. Abandonné à son élasticité, il rapproche les rectrices et serre leur faisceau. Pour vaincre cette élasticité il faut une action musculaire qui tire à la fois les rémiges les plus externes des deux côtés. C'est le résultat de la contraction des muscles *pubio-coccygiens*. Si un seul côté est tiré, la queue s'incline, mais ne s'étale pas.

La queue s'élève ou s'abaisse, mais ne frappe pas. Elle ne saute pas. Elle s'étale pendant le vol.

D'autres modifications peuvent résulter des variations du centre de gravité amenées principalement par les changements de position du cou, de la tête et des membres abdominaux.

Je ne développe pas ici ce sujet, n'ayant rien à ajouter à ce que j'ai dit dans l'*essai sur l'appareil locomoteur des oiseaux*.

CHAPITRE III

CALCUL DE LA FORCE MUSCULAIRE

Dans la théorie du vol sauté, le calcul de la force musculaire se réduit à la formule du levier $pl = p'l'$.

p est la résistance ou le poids à soulever, p' la puissance ou la force employée; l l' sont les bras de levier.

Nous calculons d'abord la force employée pour étendre le bras sur l'avant-bras et ensuite la force employée pour étendre l'avant-bras sur la main.

1° *Extension du bras sur l'avant-bras.*

Je prends pour exemple un martinet dont le poids total est de 70 grammes, ce qui fait 35 grammes pour la moitié du corps et pour le poids à soulever par une seule aile.

Les dimensions du bras et de l'avant-bras chez le martinet permettent de simplifier beaucoup le calcul.

L'extension du bras sur l'avant-bras peut se faire soit par l'action du vaste interne, soit par l'élongation des os de l'avant-bras.

La longueur de l'humérus est de 10 millimètres. Cette longueur est celle du bras de levier l qui supporte la résistance p, le point d'appui étant fourni par le cubitus.

L'insertion du vaste interne se fait sur une longueur de 8 millimètres, c'est la longueur l'.

La formule $pl = p'l'$ devient en remplaçant p, l, l' par leurs valeurs $35 \text{ gr.} \times 10 = p' \times 8$, d'où $p' = \dfrac{350 \text{ gr.}}{8} = 43, \text{ gr. } 75$

pour une aile et pour les deux ailes 87 gr. 50, force qui dépasse très peu le poids de l'oiseau.

L'élongation demande une force plus grande. Le bras de

levier l est toujours égal à 10 millimètres, mais la longueur de l égale à la hauteur de la trochlée, n'est que de 1 millimètre.

La formule devient alors 35 gr. $\times 10 = p' \times 1$, d'où $p' = 350$ grammes pour une aile et pour les deux ailes 700 gr., c'est-à-dire 10 fois le poids de l'oiseau.

2° *Extension de l'avant-bras sur la main.*

Pour l'extension de l'avant-bras sur la main, il faut se rappeler que l'élongation convertit l'ensemble du bras et de l'avant-bras en un levier coudé.

Les bras de levier sont d'une part la distance qui sépare la tête humérale du poignet, d'autre part la distance qui sépare du poignet le tubercule supérieur de l'épicondyle où s'insère le long supinateur.

Je me borne à calculer la force déployée par le long supinateur et je réduis ce calcul à la plus grande simplicité.

Je construis les triangles ABC, A'BC où je fais $AC = \dfrac{BC}{2}$, $A'C = \dfrac{AC}{2}$.

A représente la tête de l'humérus.

A' le tubercule supérieur de l'épicondyle;

C l'articulation du coude;

B le tubercule du métacarpe où s'insère le long supinateur.

Les bras de levier sont représentés l par AB, l' par A'B. Il faut leur donner une longueur.

J'observe que dans les triangles ABC, A'BC le côté $AB = l$ est plus petit que la somme $AC + BC$ des deux autres côtés et que pareillement $A'B = l'$ est plus petit que la somme $A'C + BC$.

En prenant ces sommes pour exprimer les longueurs des bras de levier, je suis certain d'avoir une valeur maxima que la valeur réelle ne peut pas dépasser, et je puis pour le but que je poursuis me contenter de cette approximation.

Mais chez le martinet la longueur de l'humérus est à peu de chose près la moitié de celle de l'avant-bras et je puis adopter cette mesure acceptée par Cuvier.

J'aurai ainsi $l = AC + BC = 1 + 2 = 3$.

D'autre part A' étant situé au milieu de AC, j'ai $A'C = \dfrac{AC}{2}$,

d'où $l' = A'C + BC = \dfrac{AC}{2} + BC = \dfrac{1}{2} + 2 = 2,5$.

$pl = p'l'$ devient $p \times 3 = p' \times 2,5$, ce qui nous donne, en remplaçant p par sa valeur, 35 gr. $\times 3 = p' \times 2,5$, et $p' = \dfrac{35 \text{ gr.} \times 30}{25}$

$= 7 \times 6 = 42$ grammes pour une seule aile et pour les deux ailes 84 grammes, valeur qui ne dépasse que très peu le poids total du corps.

Mais le long supinateur n'est pas le seul agent de l'extension de l'avant-bras sur la main, tout un ensemble de muscles y concourt et cet ensemble possède une force qui peut n'être employée qu'en partie, qui peut être graduée, modérée, ou bien, ne se bornant pas à soulever le corps de l'oiseau, peut agir avec assez d'énergie pour lui imprimer un mouvement rapide et le lancer comme une flèche.

Ainsi la force capable de soulever l'oiseau n'est pas considérable et il n'est pas besoin de l'augmenter beaucoup pour imprimer au mouvement une certaine vitesse.

La force nécessaire est beaucoup diminuée par les glissements et par la vitesse acquise.

Une fois l'oiseau lancé, la difficulté n'est pas d'accélérer sa vitesse, mais plutôt de l'enrayer. L'oiseau parvient à ralentir et à modérer son élan, à l'épuiser et à l'éteindre par des battements des ailes qui sont des mouvements d'arrêt.

CONCLUSION

La théorie du *vol sauté* concorde avec le détail des dispositions
anatomiques. Elle explique des expressions vulgaires dont le
sens est resté une énigme pour les savants. Elle justifie plusieurs
assertions de Fabrice, de Gassendi, de Borelli, de Barthez. Elle
vient à l'appui des idées modernes qui donnent la plus grande
importance aux glissements des ailes étendues et à leur rôle de
parachutes.

TABLE DES MATIÈRES

Paris. — Imp. de la Cour d'appel, L. Maretheux, dir., 1, rue Cassette.